—

METODOLOGIE RIABILITATIVE IN LOGOPEDIA • VOL. 16

Collana a cura di
Carlo Caltagirone
Carmela Razzano
Fondazione Santa Lucia, IRCCS, Roma

Elena Aimar • Antonio Schindler • Irene Vernero

Allenamento della percezione uditiva nei bambini con impianto cocleare

ELENA AIMAR
Logopedista
Savigliano, Cuneo

ANTONIO SCHINDLER
Facoltà di Medicina e Chirurgia
Dipartimento di Scienze Cliniche "Luigi Sacco"
Università degli Studi di Milano
Milano

IRENE VERNERO
Facoltà di Medicina e Chirurgia
SCU Audiologia e Foniatria, ORL II
Università degli Studi di Torino
Torino

Additional material to this book can be downloaded from http://extras.springer.com.

ISBN 978-88-470-1186-1   ISBN 978-88-470-1187-8 (eBook)
DOI 10.1007/978-88-470-1187-8

Layout copertina: Simona Colombo, Milano

Impaginazione: Graficando snc, Milano
Stampa: Arti Grafiche Nidasio, Assago (MI)

Springer-Verlag Italia s.r.l., via Decembrio 28, I-20137 Milano
Springer fa parte di Springer Science+Business Media (www.springer.com)

Presentazione della collana

Nell'ultimo decennio gli operatori della riabilitazione cognitiva hanno potuto constatare come l'intensificarsi degli studi e delle attività di ricerca abbiano portato a nuove ed importanti acquisizioni. Ciò ha offerto la possibilità di adottare tecniche riabilitative sempre più efficaci, idonee e mirate.

L'idea di questa collana è nata dalla constatazione che, nella massa di testi che si sono scritti sulla materia, raramente sono stati pubblicati testi con il taglio del "manuale": chiare indicazioni, facile consultazione ed anche un contributo nella fase di pianificazione del progetto e nella realizzazione del programma riabilitativo.

La collana che qui presentiamo nasce con l'ambizione di rispondere a queste esigenze ed è diretta specificamente agli operatori logopedisti, ma si rivolge naturalmente a tutte le figure professionali componenti l'équipe riabilitativa: neurologi, neuropsicologi, psicologi, foniatri, fisioterapisti, insegnanti, ecc.

La spinta decisiva a realizzare questa collana è venuta dalla pluriennale esperienza didattica nelle Scuole di Formazione del Logopedista, istituite presso la Fondazione Santa Lucia - IRCCS di Roma. Soltanto raramente è stato possibile indicare o fornire agli allievi libri di testo contenenti gli insegnamenti sulle materie professionali, e questo sia a livello teorico che pratico.

Tutti gli autori presenti in questa raccolta hanno all'attivo anni di impegno didattico nell'insegnamento delle metodologie riabilitative per l'età evolutiva, adulta e geriatrica. Alcuni di essi hanno offerto anche un notevole contributo nelle più recenti sperimentazioni nel campo della valutazione e del trattamento dei deficit comunicativi. Nell'aderire a questo progetto editoriale essi non pretendono di poter colmare totalmente la lacuna, ma intendono soprattutto descrivere le metodologie riabilitative da essi attualmente praticate e i contenuti teorici del loro insegnamento.

I volumi che in questa collana sono specificamente dedicati alle metodologie e che, come si è detto, vogliono essere strumento di consultazione e di lavoro, conterranno soltanto brevi cenni teorici introduttivi sull'argomento: lo spazio più ampio verrà riservato alle proposte operative, fino all'indicazione degli "esercizi" da eseguire nelle sedute di terapia.

Gli argomenti che la collana intende trattare vanno dai disturbi del linguaggio e dell'apprendimento dell'età evolutiva, all'afasia, alle disartrie, alle aprassie, ai disturbi percettivi, ai deficit attentivi e della memoria, ai disturbi comportamentali delle sindromi postcomatose, alle patologie foniatriche, alle ipoacusie, alla balbuzie, ai disturbi del calcolo, senza escludere la possibilità di poter trattare patologie meno frequenti (v. alcune forme di agnosia).

Anche la veste tipografica è stata ideata per rispondere agli scopi precedentemente menzionati; sono quindi previsti in ogni volume illustrazioni, tabelle riassuntive ed elenchi di materiale terapeutico che si alterneranno alla trattazione, in modo da semplificare la lettura e la consultazione.

Nella preparazione di questi volumi si è coltivata la speranza di essere utili anche a quella parte di pubblico interessata al problema, ma che non è costituita da operatori professionali nè da specialisti.

Con ciò ci riferiamo ai familiari dei nostri pazienti e agli addetti all'assistenza che spesso fanno richiesta di poter approfondire attraverso delle letture la conoscenza del problema, anche per poter contribuire più efficacemente alla riuscita del progetto riabilitativo.

Roma, giugno 2000

Dopo la pubblicazione dei primi nove volumi di questa collana, si avverte l'esigenza di far conoscere quali sono state le motivazioni alla base della selezione dei lavori fin qui pubblicati.

Senza discostarsi dall'obiettivo fissato in partenza, si è capito che diventava necessario ampliare gli argomenti che riguardano il vasto campo della neuropsicologia senza però precludersi la possibilità di inserire pubblicazioni riguardanti altri ambiti riabilitativi non necessariamente connessi all'area neuropsicologica.

I volumi vengono indirizzati sempre agli operatori, che a qualunque titolo operano nella riabilitazione, ma è necessario soddisfare anche le esigenze di chi è ancora in fase di formazione all'interno dei corsi di laurea specifici del campo sanitario-riabilitativo.

Per questo motivo si è deciso di non escludere dalla collana quelle opere il cui contenuto contribuisca comunque alla formazione più ampia e completa del riabilitatore, anche sotto il profilo eminentemente teorico.

Ciò che continuerà a ispirare la scelta dei contenuti di questa collana sarà sempre il voler dare un contributo alla realizzazione del programma riabilitativo più idoneo che consenta il massimo recupero funzionale della persona presa in carico.

Roma, aprile 2004

C. Caltagirone
C. Razzano
Fondazione Santa Lucia
Istituto di Ricovero e Cura a Carattere Scientifico

Presentazione del volume

La sordità prelinguale, o sordità bilaterale precoce grave o gravissima (cioè con una perdita uditiva superiore ai 65 dB bilaterale o nell'orecchio migliore per le frequenze 500-2000 Hz) è sostanzialmente una compromissione organica dell'orecchio interno che, impedendo il funzionamento delle cellule ciliate interne, non consente la trasduzione o trasformazione di stimoli acustici in segnali neurologici, eliminando così l'accesso all'elaborazione centrale dell'informazione sonora.

La teleologia dell'udito è di concorrere, in solidale con tutti i sistemi sensopercettivi:
- alla conoscenza del mondo esterno (e in piccola parte alla conoscenza del mondo intraindividuale);
- di conseguenza, e secondariamente, a stabilire un'adeguata relazione interindividuale.

La fattispecie dell'apparato uditivo è:
- rilevare le informazioni acustiche (trasduzione e percezione):
  - sonorità ambientali;
  - messaggi non verbali;
  - messaggi verbali;
  - altro (per esempio musica);
- coordinarsi con le informazioni acustiche provenienti dall'apparato vibrotattile;
- coordinarsi con le informazioni non acustiche (relative alla stessa referenza) provenienti da altri sistemi senso-percettivi.

L'apparato uditivo si divide in:
- periferico o orecchio:
  - orecchio esterno → per il convogliamento dei suoni;
  - orecchio medio → per un'amplificazione dei suoni;
  - orecchio interno → per la trasformazione dei suoni in impulsi nervosi.
- centrale o vie e centri uditivi centrali:
  - livello encefalico inferiore o basso → consente un uso riflesso dell'informazione uditiva;

- livello encefalico intermedio → consente un innesco con i sentimenti e con comportamenti complessi stereotipati non coscienti;
- livello encefalico superiore o alto → consente la coscienza e la comprensione dei suoni e il loro impiego in alcune attività corticali quali la verbalità vocale e la musica.

I percorsi dell'informazione uditiva sono:
- trasduzione;
- percezione uditiva;
- destino finale:
  - destinazione;
  - utilizzazione (compresa la comprensione cosciente opzionale);
  - accantonamento nelle memorie (procedurale e cosciente).

Va subito sottolineato che le *funzioni trasduttive dell'orecchio interno* (che peraltro consentono perentoriamente l'accesso dell'informazione sonora all'elaborazione centrale) sono relativamente banali, tanto da disporre di neppure 10.000 cellule (ciliate interne) per le loro necessità, mentre il *processamento encefalico* (percezione uditiva, correlazione con le altre percezioni e funzioni centrali superiori) dispongono di miliardi di neuroni.

I soggetti con sordità prelinguale, oltre a lesioni specifiche dell'orecchio interno (o delle strutture del nervo acustico), possono avere *altre compromissioni organiche e/o funzionali*, quali:
- alterazioni della via uditiva centrale;
- alterazioni delle strutture encefaliche che consentono la cognitività e la decisionalità;
- alterazioni delle strutture periferiche e centrali di altre funzioni sensopercettive;
- alterazioni di altre strutture centrali che sottendono l'attenzione, la concentrazione, la memoria, l'arousal, etc.;
- alterazioni di strutture somatiche (cardiocircolatorie, immunitarie, digestivo-metaboliche, ecc.);
- inadeguatezze culturali e affettive che influiscono in vario grado sulle funzioni percettive e conseguentemente sull'utilizzo dell'informazione uditiva.

L'attenzione medica, sia diagnostica sia rimediativa, si è quasi esclusivamente concentrata sulle funzioni periferiche (audiogramma, protesi acustica, impianto cocleare), trascurando invece in modo imponente gli aspetti ben più importanti dell'elaborazione centrale.

Oltretutto, se in particolare la percezione uditiva non è attivata ed educata precocemente e adeguatamente, si corre il rischio che gli interventi sulla trasduzione (protesi acustica e impianto cocleare) siano inutili o poco utili per indisponibilità *ex non usu* delle strutture nervose destinate al processamento centrale dell'informazione uditiva trasdotta.

Da decenni la scuola torinese porta la sua attenzione alla conoscenza, alla tassonomia, alla valutazione e all'educazione della percezione, ciò che ha permesso la strutturazione, la maturazione e l'applicazione di un corpus dottrinale e operativo importante.

Gli autori del presente volume, miei preziosi e intelligenti collaboratori da parecchi lustri, hanno voluto riportare le loro esperienze nel campo applicate a sordi "puri", a sordi con disturbi associati, a normoudenti con compromissioni della percezione uditiva.

A loro va la mia riconoscenza per l'ottima riuscita del testo che auguro sinceramente abbia il successo che merita.

Torino, luglio 2009

Oskar Schindler
Professore Ordinario
Audiologia e Foniatria
Università degli Studi di Torino

Prefazione al volume

Le esperienze maturate durante gli ultimi decenni hanno dimostrato che con i bambini sordi prelinguali protesizzati precocemente, e ancor più con i bambini portatori di impianto cocleare (IC), risulta di fondamentale importanza effettuare precocemente e in modo continuativo e regolare una stimolazione uditiva basata sulla capacità uditiva residua, variabile da caso a caso, e sull'educazione percettivo-uditiva, sempre possibile, ma con margini di educabilità molto variabili relativi al bambino in questione.

Un allenamento sistematico e progressivo, fin dal primo semestre di vita, della percezione uditiva è condizione essenziale per l'evoluzione del bambino ipoacusico relativamente al suo sviluppo affettivo e sociale, cognitivo, linguistico.

L'obiettivo dell'allenamento è quello di sviluppare modelli di ascolto utili per i prerequisiti e requisiti inerenti l'intelligibilità del messaggio parlato, attraverso esercizi via via più complessi adeguati al suo sviluppo.

Tali attività riguardano l'allenamento della percezione uditiva secondo categorie che vanno dall'abilità di reagire alla presenza di sonorità, alla discriminazione e identificazione fra stimoli in situazione chiusa e aperta fino al riconoscimento vero e proprio.

Lo studio della percezione uditiva costituisce un bagaglio di conoscenze peculiari della scuola torinese, dal punto di vista sia delle elaborazioni teoriche sia delle applicazioni nella pratica clinica con bambini sordi e non solo.

Questa realizzazione in particolare si rifà a uno spunto per il bilancio e la rieducazione logopedica di alcuni anni addietro, pensato dal gruppo di lavoro torinese (Gallo Balma et al, 2001).

L'intenzione già allora era quella di creare un materiale completo per l'allenamento della percezione uditiva che muovendo da solide basi teoriche offrisse una "valigetta" a disposizione di educatori, familiari, logopedisti. Si era ipotizzato un programma di lavoro che prevedesse la relazione fra i quattro parametri percettivi caratteristici della rieducazione dei bambini sordi impiantati (Allum, 1998) e le nove categorie percettive individuate dalla scuola torinese impiegate in rieducazione con qualunque soggetto con disturbi della comunicazione e del linguaggio (Martini, 2004).

È ormai assodato che l'allenamento della percezione uditiva, in particolare nei soggetti sordi, deve essere oggetto di un'attenzione specifica, con un'attività di allenamento mirato all'affinamento e all'implementazione. Infine, si deve considerare che l'intervento con i bambini sordi prevede la partecipazione di una pluralità di persone (siano essi familiari, sanitari, insegnanti, educatori o altri) che interagiscono. Da ciò deriva la necessità che il logopedista si adoperi per elaborare e attuare proposte operative che siano teoricamente ineccepibili, ma che contemporaneamente risultino alla portata di tutti gli agenti coinvolti nel processo educativo e abilitativo, quindi accessibili anche a chi non ha una formazione specifica, ma che a vario titolo (scuola, famiglia, tempo libero) può e deve contribuire alla generalizzazione e al rinforzo di quanto appreso.

Torino, luglio 2009

Elena Aimar
Antonio Schindler
Irene Vernero

Indice

Capitolo 1
La sordità

Irene Vernero, Elena Aimar, Antonio Schindler

Che cos'è la sordità prelinguale

La sordità prelinguale è una grave compromissione della funzione uditiva, consistente in una sordità bilaterale, con soglia uditiva superiore ai 65 dB in entrambi gli orecchi (e comunque nell'orecchio migliore in caso di disomogeneità), insorta entro il diciottesimo mese di vita. Si fa riferimento, dunque, a soggetti con sordità neurosensoriale bilaterale grave o gravissima, congenita o acquisita entro i diciotto mesi di vita. Anche le forme di sordità perilinguali, che insorgono tra i diciotto e i trentasei mesi (comunque durante l'acquisizione spontanea del linguaggio orale), presentano similitudini con le precedenti e per alcuni aspetti richiedono analoghi allenamenti.

La prevalenza della sordità prelinguale non è molto elevata (si attesta circa all'1/1000); tuttavia essa rappresenta un significativo problema sanitario, assistenziale e sociale, considerato che:

- la sordità e i suoi effetti non costituiscono un fenomeno uniforme. Lo sviluppo delle abilità linguistiche del bambino sordo risultano influenzate da molte variabili: precocità di diagnosi e di interventi appropriati, sistema familiare e organizzazione dei vari servizi;
- attualmente è irreversibile, non è possibile una *restitutio ab integrum* della funzione uditiva compromessa e né la protesi acustica né l'impianto cocleare possono essere paragonati a un orecchio normale;
- coinvolge soggetti molto piccoli, alterando i comportamenti e lo sviluppo globale dell'individuo in modo più o meno importante;
- implica una gestione plurisettoriale, familiare, sanitaria, scolastica, assistenziale e sociale complessa e prolungata, in modo più intenso almeno fino all'adolescenza, e in seguito comunque per molti anni della vita;
- richiede elevati costi di tipo umano, organizzativo e sociale;
- rende necessaria l'assistenza da parte di strutture e professionisti molto specializzati, soprattutto in campo sanitario, scolastico, educativo;
- può essere concomitante ad altri disturbi associati (circostanza che si verifica non raramente) che complicano ulteriormente il quadro.

Rispetto allo specifico del linguaggio verbale sono in evidenza una serie di problemi che riguardano chi è sordo dalla nascita o dai primissimi mesi di vita:

- la non percezione della lingua parlata determina l'impossibilità di acquisizione spontanea di un sistema linguistico, ovvero il mancato innesco della lingua madre del gruppo sociale in cui il bambino è inserito, e di qui l'impedimento alla corrispondente abilità linguistica vocale. L'acquisizione naturale è una condizione radicalmente diversa da quella di un sistema che va appreso, e perdipiù in assenza di una precedente esperienza linguistica;
- le difficoltà di apprendimento derivanti dal dover compiere un percorso scolastico tutto in salita in assenza o comunque in mancanza di una buona padronanza della lingua parlata, letta e scritta che veicola i significati e i concetti propri dell'apprendimento curricolare;
- il gap fra livello cognitivo e livello linguistico tende a determinarsi fin dalla prima infanzia e risulta tanto più grave dato che si è detto che la normalità linguistica prevede una comprensione verbale sempre maggiore e più ampia della produzione;
- il rischio a livello sia macro sia microsociale di tipo comunicativo, dato che a partire dai 12 mesi le competenze comunicative dei bambini sordi hanno poche possibilità di espandersi e soprattutto non si trasformano e non evolvono naturalmente in un sistema linguistico strutturato e completo;
- la diagnosi precoce, la protesizzazione, l'inizio di interventi specializzati in logopedia e a scuola consentono al piccolo sordo di iniziare un apprendimento lungo e insistente che si allontana irrimediabilmente da ciò che fa un bambino udente: chi sente impara a parlare perché esposto a una lingua e perché in quella lingua prima di produrre si è a lungo esercitato a capire e a riprodurre suoni e combinazioni; chi è sordo, anche se è esposto alla lingua dei segni che può imparare spontaneamente, ha bisogno di specifici insegnamenti sia per imparare a sfruttare il residuo acustico attraverso le protesi, sia per apprendere la lingua vocale, non solo sul piano molto evidente della produzione fonetico-fonologica, ma soprattutto nella sua attualizzazione pragmatica e sociale;
- le possibilità di recupero sono legate all'individuo e alla sua peculiarità: il ruolo della protesizzazione, impianto cocleare compreso, e la qualità dell'intervento logopedico e dell'inserimento scolastico vengono comunque implementati e definiti dalla motivazione, dall'intelligenza, dal giusto grado di sollecitazioni e accettazione familiari che ciascuno riceve.

Attuali orientamenti riabilitativi

Negli ultimi decenni sono stati compiuti buoni miglioramenti nei risultati del trattamento dei bambini sordi, grazie soprattutto a due fattori: la possibilità di una diagnosi audiologica di sordità sempre più precoce e precisa e i progressi tecnologici che hanno portato alla realizzazione di strumenti protesici acustici sempre più evoluti, dalle protesi digitali all'impianto cocleare.

Sebbene una protesizzazione tempestiva sia importantissima non appena viene effettuata per il bambino la diagnosi di sordità neurosensoriale grave o gravissima, la protesi acustica convenzionale non è sufficiente a consentire un input quali-quantitativamente adeguato sul canale uditivo: essa infatti amplifica i suoni sfruttando la funzionalità cocleare residua, che risulta minima e alterata, spesso con scarso guadagno protesico e possibilità di distorsione del segnale per vari fenomeni. L'impianto che consente di vicariare completamente la coclea e l'organo di Corti, stimolando direttamente il nervo acustico, ha aperto una nuova frontiera sul piano dell'apprendimento del linguaggio verbale per i sordi e su quello del recupero in generale.

I criteri di selezione per i bambini, molto rigidi e restrittivi all'inizio, negli anni Novanta, oggi sono molto cambiati e in rapida evoluzione: per esempio, l'età minima dei candidati è scesa dai due anni ai diciotto mesi (secondo le indicazioni del 2002 della FDA), e recentemente ai dodici mesi, e la tendenza è quella di ridurla ulteriormente. Lo sfruttamento protesico e la coesistenza di deficit associati non rappresenta più elemento di esclusione, anzi vi è un'indicazione positiva certa nei casi di copresenza di un deficit visivo; l'impianto cocleare è diventato un'opportunità anche per ragazzi sordi precedentemente protesizzati e che oggi possono valutare caso per caso se utilizzare questo mezzo per il proprio inserimento sociale. Rimangono comunque alcune limitazioni soggettive, dal momento che l'impianto non è un dispositivo adatto a tutti i soggetti con sordità grave o gravissima: devono essere soddisfatti precisi requisiti medici (assenza di malattie croniche dell'orecchio, anatomia locale sufficientemente conservata, presenza e funzionalità residua del nervo acustico, possibilità di supportare un intervento chirurgico in anestesia generale). Deve in ogni caso essere garantita una serie di condizioni favorevoli generali, come una forte motivazione della famiglia, una scelta privilegiata per la comunicazione verbale-orale (anche se non in opposizione con una comunicazione verbale-segnica), la disponibilità ad affrontare un percorso logopedico specifico, la possibilità di avere accesso a strutture educative, assistenziali e di supporto tecnico specializzate con personale adeguatamente formato e preparato a fronteggiare esigenze, necessità e criticità emergenti.

Mentre nei primi anni il numero di bambini con impianto cocleare era relativamente basso e questi costituivano un gruppo abbastanza omogeneo, ora l'impianto sta diventando una pratica sempre più diffusa. Insieme al numero di bambini impiantati, è cresciuta in modo esponenziale anche la varietà dei profili di questi piccoli utenti, che possono essere estremamente diversi per quanto concerne l'origine della perdita uditiva, il quadro clinico generale, l'età a cui si è giunti alla diagnosi e a cui è stato praticato l'impianto, le caratteristiche individuali e ormai sempre più spesso la realtà linguistica in cui sono inseriti; sono infatti sempre più numerosi i bambini sordi impiantati stranieri, appartenenti a comunità linguistiche particolari.

L'intervento e le attività logopediche quotidiane con i bambini sordi protesizzati o portatori di impianto cocleare richiederebbero un modello operativo di riferimento sicuro e stabile, aggiornato alla continua evoluzione delle conoscenze, in modo da garantire uno standard omogeneo delle procedure attuate e consentire verifiche e revisioni con dati univocamente condivisibili e confrontabili.

In linea generale si può affermare che sono abbastanza superate le diatribe storiche tra *oralisti* (secondo i quali l'unico sistema comunicativo di riferimento per l'educazione dei sordi è il linguaggio verbale, eventualmente supportato da labiolettura, uso della lettura e della scrittura) e *gestualisti* (che sostengono invece la necessità di educare il bambino all'uso della lingua naturale dei sordi, cioè quella dei segni, acquisita spontaneamente e solo dopo, passando eventualmente all'insegnamento della lingua italiana). Dopo i tentativi più o meno mediati del bimodalismo (con cui si intende l'apprendimento della lingua vocale con le sue caratteristiche morfologiche e sintattiche avvalendosi contemporaneamente del supporto offerto dal canale mimico-gestuale) e la tendenza più di principio che di sostanza della "comunicazione totale" che permetterebe al sordo di comunicare, trasmettere informazioni, utilizzando sempre i mezzi più efficaci, comprendendo l'uso dell'udito, gesti, mimica, dattilologia, verbalità, labiolettura, lettura, scrittura, espressione corporea, disegno ed espressioni grafiche.

Con l'avvento degli impianti cocleari il baricentro della rieducazione dei bambini sordi è tornato sull'apprendimento del linguaggio verbale e pur essendo aumentata la tolleranza nei confronti della scelta delle strategie adatte, senza aderire rigidamente a un metodo unico e strettamente predefinito, si va affermando una tendenza che in molti hanno definito di *neo-oralismo*. I singoli logopedisti, secondo il proprio bagaglio di esperienze, tendono a considerare l'investimento sugli aspetti uditivi come prioritario, con conseguente scelta privilegiata per un'educazione-abilitazione prevalentemente orale, contemplando spesso la copresenza di altre modalità comunicative e linguistiche adeguatamente calibrate. In molti casi i bimbi al disotto dell'anno di vita ricevono un imput fortemente comunicativo, talvolta bimodale che evolve con l'eventuale impianto in una rieducazione all'ascolto e al linguaggio verbale più o meno consapevolmente sostenuta da vicarianze: labiolettura, scrittura analogica e poi alfabetica, lettura, segni di evidenziazione morfologica (analoghi al *cued-speech* e simili).

Un programma abilitativo specifico e strutturato è requisito essenziale per un adeguato sfruttamento dell'impianto cocleare: l'*American Academy of Pediatric* si è espressa con un importante documento che sancisce la necessità per tutti i bambini sordi di accedere, dopo una diagnosi precoce a valutazioni mediche e audiologiche molto accurate e alla rieducazione necessaria alla comunicazione e al linguaggio in tempi rapidi, comunque non dopo i 6 mesi di vita. Anche l'accesso alla tecnologia più avanzata, ivi inclusi gli impianti cocleari, deve essere sempre garantita ai bambini e alle loro famiglie. (Position Statement 2007, *Principles and Guidelines for early Hearing Detections and Intervention Programs*. www.pediatrics.org, Pediatric Library).

Lavori europei (Archbold e Robinson, 1997) affermavano già a fine anni Novanta che lo sviluppo di linee guida per l'esercizio della pratica di impianto in ciascun Paese dovrebbe assicurare l'effettiva presenza di supporto abilitativo ed educativoscolastico per i bambini con impianto cocleare. Lo stesso studio sottolineava che, a seconda dei Paesi e dei diversi centri, la disponibilità dei servizi erogati non è sempre continuativa e che una discreta percentuale di bambini impiantati cresce in un ambiente poco favorevole dal punto di vista educativo, scolastico, assistenziale.

Nonostante alcuni entusiasmi superficiali, va detto che l'impianto cocleare è una protesi elettronica ad alto contenuto tecnologico, che non può tuttavia annullare i problemi del bambino sordo poiché non è un "trapianto di orecchio" né un "orecchio artificiale". Esso costituisce uno strumento potente di cui il soggetto può usufruire, a patto che siano create le condizioni necessarie affinché possa sfruttarne al meglio le potenzialità. Ricevere un impianto è come "avere le chiavi di un'auto ma non sapere come guidarla": il processo abilitativo ha lo scopo di aiutare il bambino a interpretare gli ingressi uditivi, attribuire loro un significato e utilizzarli in modo utile ai fini del linguaggio parlato.

Risulta quindi di fondamentale importanza la presa in carico logopedica precoce del bambino e della famiglia, da iniziare non appena viene effettuata la diagnosi di sordità e da proseguire negli anni almeno fino all'età adolescenziale, con modalità e tempi diversi a seconda delle esigenze, dei progressi e delle criticità emergenti. La gestione del progetto educativo-abilitativo deve essere condotta da personale specializzato ed esperto, e anche se per alcuni aspetti è simile a quella che deve essere attuata con soggetti sordi portatori di protesi acustiche tradizionali, se ne discosta per il maggiore investimento sul versante uditivo e la scelta privilegiata per l'oralità.

L'intervento logopedico diretto che ribadiamo non è sostanzialmente diverso da quello classico con il sordo prelinguale, prevede un bilancio logopedico, un primo allenamento della percezione uditiva in seguito alla protesizzazione, una stimolazione comunicativa globale che prepari e integri l'insegnamento specifico della lingua vocale. Inoltre, nel caso dell'impianto uno studio accurato del candidato e per quanto possibile una preparazione del bambino all'intervento, molto legata all'età e alla comprensione.

Successivamente diventa centrale l'allenamento all'ascolto e alle abilità percettivo-uditive, indispensabile da subito per la collaborazione del bambino alle valutazioni di guadagno e successivamente per ottenere un apporto critico al mappaggio.

Il logopedista imposta sempre un trattamento articolato e prolungato, che interessa le varie aree linguistiche, comunicative e sociali dell'individuo. L'obiettivo è la realizzazione di un percorso abilitativo ed educativo il più possibile naturale ed ecologico, tenendo in considerazione le tappe evolutive fisiologiche e spontanee di un bambino normoudente e le analogie e le differenze rispetto a quelle del bambino sordo.

Una gestione attenta e precoce, che preveda la creazione di una rete collaborativa tra servizio di logopedia, centri medici, scuola, famiglia ed eventuali figure educative esterne alla famiglia, è una *conditio sine qua non* per giungere a risultati di buon livello su tutti i versanti (percettivo-uditivo, cognitivo, comunicativo-linguistico, relazionale, sociale).

Il bilancio logopedico

Il primo inquadramento è il momento fondamentale per impostare la gestione del caso. Esso viene eseguito al momento della diagnosi (o anche solo del sospetto) di sordità e costituisce un elemento decisionale importante ai fini della scelta dell'applicazione dell'impianto cocleare. Una valutazione approfondita e precisa consente inoltre di rilevare eventuali ulteriori deficit cognitivi, prassici, educativi, di attribuire loro il giusto peso all'interno del quadro di compromissione globale, di pronosticare il possibile andamento della situazione e quindi di intervenire in tempo. Non bisogna dimenticare che il bambino va considerato nella sua totalità e non solo relativamente alla sordità: oltre a essa possono esserci altre aree carenti, che incidono negativamente sullo sviluppo comunicativo verbale.

Successivamente alla raccolta dei dati anamnestici e alla presa visione della documentazione clinica esistente (che chiariscono entità e caratteristiche della sordità e la presenza di deficit associati già rilevati), si procede con il delineare un'ipotetica linea di base dello sviluppo delle principali abilità che concorrono alla comunicazione. Vengono quindi analizzati la prestazionalità generale, lo sviluppo percettivo visivo e uditivo, le abilità prassiche, il livello integrativo, i performativi, il linguaggio dal punto di vista fonetico-fonologico, semantico-lessicale e morfosintattico.

Prestazionalità generale

È un parametro importantissimo, perché verifica se il bambino possiede una serie di abilità rappresentative dello sviluppo generale per una certa età, cioè se il suo sviluppo segue le normali tappe o presenta delle lacune. Gli strumenti utilizzabili sono questionari (per esempio la checklist del metodo Portage), oppure scale di sviluppo (per esempio, di Brunet-Lezine o di Vayer). Il livello prestazionale ottenuto evidenzia il gap rispetto all'età cronologica ed è il punto di riferimento per il confronto con i risultati di tutte le prove effettuate successivamente.

Sviluppo percettivo visivo e uditivo

La valutazione percettiva uditiva sarà trattata ampiamente in seguito. La percezione visiva può essere analizzata tramite test specifici (per esempio, *Frostig Test* o TPV - Test di Percezione Visiva o ancora VMI - *Visual Motor Integration*). Oltre a far emergere decalaggi nell'area visiva, fattore rilevante data la compromisisone uditiva di base, si verifica se sono presenti gli universali percettivi (coordinazione senso-motoria, separazione figura-sfondo, costanza della forma), che possono supportare lo sviluppo percettivo uditivo.

Prassie

Grande attenzione deve essere dedicata soprattutto a quelle orali, fondamentali per la produzione verbale; gli aspetti prassici non fonetici non dovrebbero presentare inadeguatezze, ma è doveroso soffermarsi almeno sulle prassie manuali, utili per il grafismo ed eventualmente per la dattilologia.

Livello integrativo

Uno degli strumenti più calzanti per valutarlo è la Scala Leiter (o la sua versione revisionata Leiter-R), i cui item sono interamente non verbali, e che quindi evita di esitare in valori al di sotto della norma dovuti a prove di tipo verbale, che condurrebbero erroneamente a un giudizio di pseudoinsufficienza intellettiva. Se invece ci sono reali deficit cognitivi, che cambiano la prognosi e il progetto abilitativo ed educativo, essi possono essere quantificati nella loro effettiva entità indipendentemente dalla componente della compromissione uditiva.

Performativi

Osservando i video del bambino in situazioni comunicative in ambiente familiare, si osserva la presenza di atti comunicativi non verbali di tipo richiestivo e dichiarativo; la rilevazione di questi atti pre-linguistici, che nel bambino normoudente precedono lo sviluppo della verbalità, permette di escludere quadri autistici o adualistici (caratterizzati da assenza di performativi e quindi di intenzionalità comunicativa) e di individuare indicativamente il ritardo nelle tappe di sviluppo linguistico, sempre in relazione con il livello prestazionale generale.

Livello fonetico-fonologico

La valutazione di questo livello assume un suo valore se si considera che con un inizio precoce del lavoro sull'articolazione si possono raggiungere buoni risultati, mentre un inizio ritardato rende difficile ottenere esiti soddisfacenti.

Livello semantico-lessicale

Lo strumento che consente delineare lo stadio di evoluzione semantica del bambino è la Scala McArthur, adatta soprattutto alle prime fasi di sviluppo. Per la valutazione lessicale, test standardizzati come il TPL (Test del Primo Linguaggio) e il TVL (Test di Valutazione del Linguaggio) comprendono sezioni che indagano specificamente il settore e sono applicabili rispettivamente a partire dai 12 e dai 30 mesi di età, mentre la valutazione del vocabolario passivo è tarata a partire dai quattro anni, nel Peabody.

Livello morfo-sintattico

L'analisi di questo livello può essere effettuata con test formali come, per esempio, il TCGB (Test di Comprensione Grammaticale per Bambini) o il Rustioni per la comprensione, oppure le sezioni corrispondenti dei test TPL e TVL sia in comprensione sia in produzione. Per valutare lo sviluppo frastico, la scheda della complessità semantica (Antoniotti).

Oltre a servirsi di prove standardizzate, il logopedista dovrà sviluppare e affinare le sue abilità osservative e interpretative per cogliere i punti di forza e di debolezza, l'autonomia, l'autocontrollo, il reperimento di strategie in diversi contesti e compiti, le capacità imitative e il grado di stimolabilità, le sfumature emotive e comportamentali del soggetto in esame.

Le valutazioni si ripetono periodicamente con scadenza semestrale o annuale per aggiornare il quadro iniziale a fronte dell'evoluzione del bambino e delle modificazioni prodotte, quantificare obiettivamente i progressi compiuti, individuare gli stadi di sviluppo raggiunti e l'entità del gap esistente rispetto alla norma. Si fa riferimento in particolare al momento dell'ingresso a scuola. I retest diventano così parte integrante del trattamento e servono al logopedista per aggiornare gli obiettivi a breve e medio termine, modulare e adattare dinamicamente le sue proposte in modo puntuale e mirato e individualizzare l'intervento plasmandolo in base alle esigenze. Il logopedista figura quindi nella rete di servizi che si occupa del piccolo sordo come il team leader con una grande responsabilità programmatica oltreché terapeutica in senso stretto.

La presa in carico e il trattamento logopedico

Un percorso abilitativo ed educativo improntato in un'ottica ecologica non può non scaturire dalla considerazione del livello evolutivo del bambino (delineato con il bilancio) e dal suo raffronto con le tappe fisiologiche di sviluppo e di acquisizione linguistica del bambino normoudente. Il piano di trattamento deve coinvolgere una pluralità di aree ed essere articolato su più piani: si possono essenzialmente individuare in modo schematico il piano comunicativo, quello cognitivo-linguistico, quello percettivo uditivo, quello sociale, che tuttavia non sono a sé stanti, ma si compenetrano e si influenzano l'un l'altro, e pertanto non possono essere rigidamente suddivisi e considerati come compartimenti stagni.

Piano comunicativo

Particolare attenzione deve essere rivolta all'acquisizione e allo sviluppo dell'intenzionalità comunicativa, che precede il linguaggio e ne è un presupposto. È importante incentivare lo sviluppo dei performativi (che dovrebbero comparire regolarmente anche per il bambino sordo attorno ai sei mesi), stabilendo un circolo di azione-reazione e inserendo il bambino in un circuito comunicativo. Egli deve essere guidato alla produzione di segnali e comportamenti comunicativi (primi fra tutti il contatto oculare, la triangolazione e l'attenzione condivisa) per esprimere le proprie esigenze e instaurare una relazione con l'adulto. È molto utile sfruttare le potenzialità del gioco per creare format (azioni condivise), impostare in ogni attività quotidiana una successione di routine, regole e abitudini, instaurare comportamenti rituali, utilizzare una comunicazione multicanale e ridondante, stimolare la relazione e la socialità. Bisogna cercare di evitare il manifestarsi di atteggiamenti controproducenti determinati nella famiglia dalla scoperta della sordità, quali la riduzione della comunicazione mimico-gestuale normalmente attuata con i bambini piccoli, l'iperarticolazione, la stimolazione assillante al linguaggio orale, il non rispetto dei tempi del bambino. L'inserimento e la frequenza all'asilo nido rappresenta un provvedimento fortemente positivo poiché, oltre a costituire una valida stimolazione comunicativa, favorisce i contatti e le relazioni con adulti al di fuori del nucleo familiare e con i coetanei.

Piano cognitivo-linguistico

Il passaggio dalla comunicazione al linguaggio richiede una certa maturazione cognitiva, delle capacità di rappresentazione, astrazione, di simbolizzazione e di combinazione. Il raggiungimento di queste capacità mentali è espresso con la comparsa del gioco simbolico e la sua evoluzione in sequenze sempre più articolate. L'ambiente e il contesto socio-culturale, familiare e scolastico giocano un ruolo di primo piano e si devono quindi indirizzare e gestire al meglio. Una volta posseduti i requisiti necessari a livello integrativo e di processamento centrale, è necessario un insegnamento specifico della lingua vocale, che deve essere appresa in ogni suo aspetto poiché non è possibile per il sordo, anche se impiantato, l'esposizione naturale e precoce a essa, il suo innesco, la sua acquisizione ed evoluzione spontanea. Non bisogna dimenticare poi che il linguaggio non può essere inteso solo nella sua componente orale, ma deve essere considerato un sistema di comunicazione ampio e potente che permette all'individuo di relazionarsi a livelli differenti con l'ambiente esterno e con gli individui che in esso interagiscono, siano essi sordi o udenti.

Dal punto di vista fonetico-fonologico, l'input uditivo distorto incide negativamente sull'ascolto del modello e sul controllo della propria produzione, rendendo difficili l'analisi e la successiva riproduzione dei tratti distintivi. Si avranno così un ritardo e un'alterazione nella strutturazione del sistema fonetico-fonologico, con ripercussioni anche sulle abilità fonetiche prassico-articolatorie. Un approccio efficace a questo livello può proporre spunti tratti dal metodo verbo-tonale e attività e tecniche di tipo ortofonetico.

Lo sviluppo semantico-lessicale deve essere oggetto di un intenso lavoro da iniziare precocemente: nel bambino sordo il lessico non si espande esponenzialmente, come avviene nei normoudenti, intorno ai 18-24 mesi, ma rimane povero e viene utilizzato rigidamente, rendendo inaccessibili le diverse accezioni, le sfumature e la complessità semantica che sono parte del patrimonio di un udente. La scarsa competenza lessicale e semantica contribuisce inoltre al ritardo di sviluppo morfo-sintattico e alle difficoltà di apprendimento.

Gli aspetti morfologici e sintattici nella lingua italiana sono inscindibili, dato che è proprio la morfologia a veicolare le informazioni sintattiche all'interno della frase. Le difficoltà per i bambini sordi compaiono nell'uso sia della morfologia libera (pronomi, articoli e preposizioni), sia di quella legata (concordanza di genere e numero, coniugazione e flessione verbale). Attività ispirate ai metodi che prevedono una visualizzazione grafica dei modelli mentali e dei meccanismi di assemblaggio delle strutture frasali stimolano e guidano il bambino alla riflessione, all'articolazione di produzioni linguistiche sintatticamente sempre più complesse, alla loro scomposizione e ricomposizione. Un supporto all'apprendimento degli aspetti morfologici è costituito dall'utilizzo dell'Italiano Segnato Esatto e della dattilologia.

Il livello testuale e quello pragmatico devono essere stimolati con un training relativo in particolare alla competenza discorsiva. L'alternanza dei turni, gli aspetti sovrasegmentali, il ruolo del contesto, la coordinazione degli atti linguistici, l'interpretazione di espressioni idiomatiche, gli usi astratti e simbolici del lessico, l'ironia, le abilità inferenziali, la padronanza dei nessi logici, naturalmente padroneggiati dagli udenti, sono invece tutti punti deboli per un sordo. Le competenze pragmatiche possono essere implementate solo con l'esperienza diretta, proponendo un esercizio costante in situazioni comunicative il meno artificiali possibile, riproducendo le condizioni di normali scambi conversazionali relativi ad argomenti di interesse, inseriti in vari contesti quotidiani, con interlocutori vari e con ricorso sempre minore a facilitazioni.

Le problematiche relative all'area linguistica portano, al momento dell'ingresso a scuola, alla necessità di accompagnare il bambino nel percorso di apprendimento curricolare, attuando strategie mirate ispirate alle metodiche indirizzate al trattamento dei disturbi di apprendimento. In particolare, è adatto l'utilizzo di strategie psicocognitive di comprensione e produzione del testo scritto: tecniche facilitanti la comprensione e produzione della lingua scritta sono, ad esempio, il ricorso a mappe concettuali, schematizzazioni, rielaborazioni, tracce e schede di riferimento che guidino la composizione di testi.

Piano sociale

Il primo intervento di integrazione sociale del bambino sordo è rappresentato dall'inserimento scolastico, se possibile già al nido, che va assistito e pianificato. Il sistema scolastico di altri Paesi europei prevede possibilità diversificate di offerte formative adottate in relazione alla specificità individuale (sostegno in classe e a domicilio, inserimento integrale, frequenza per alcune ore in classi di udenti e per altre in classi di sordi, attività diversificate). In Italia, la legge sancisce una serie di precisi atti che le varie istituzioni devono espletare al fine di un inserimento scolastico adeguato: la Diagnosi Funzionale (DF), che compete all'istituzione sanitaria e contiene i dati clinici e la descrizione del quadro psicofisico e sociale di base del bambino, il Profilo Dinamico Funzionale (PDF), realizzato dal team multidisciplinare che comprende i docenti, la famiglia e gli operatori sanitari, relativo agli obiettivi a breve-medio termine e alla previsione dell'andamento dello sviluppo, e il Progetto Educativo Individualizzato (PEI), redatto dagli insegnanti in collaborazione con i professionisti sanitari e condiviso con i genitori, che lo devono sottoscrivere. Il percorso individualizzato comprende altresì l'erogazione di servizi di assistenza e integrazione sociale, definiti da leggi e delibere regionali e provinciali, erogati dai Comuni e sostenuti dall'appoggio di associazioni di volontariato, di mutuo aiuto e no profit (legge 104/92).

Capitolo 2
Fisiologia della percezione uditiva

Antonio Schindler, Irene Vernero, Elena Aimar

Che cosa s'intende per percezione uditiva

L'apparato uditivo è uno dei sistemi sensoriali utilizzati per riconoscere le caratteristiche dell'ambiente esterno; in modo particolare fornisce informazioni sulle caratteristiche acustiche dell'ambiente circostante.

Nel funzionamento dell'apparato uditivo si individuano almeno due momenti; il primo prende il nome di *trasduzione* e consiste nel trasformare il fenomeno acustico, cioè la variazione della pressione aerea, in impulso nervoso: la struttura dedicata a questa funzione è l'orecchio (esterno, medio e interno); il secondo prende il nome di *percezione* e consiste nell'elaborare (*processing*) l'impulso nervoso generatosi, mettendone in evidenza le caratteristiche principali, fino a creare una rappresentazione interna del fenomeno acustico originale. La struttura dedicata al processamento degli impulsi nervosi è la via acustica centrale. Attraverso la percezione uditiva riconosciamo per esempio se un suono è lungo o breve, continuo o pulsato, acuto o grave, forte o piano; sempre attraverso la percezione distinguiamo il suono di un violino da quello di un violoncello, la voce di Giovanni da quella di Mario, il rumore del tram da quello dell'autobus. In ambito fonetico, quando una persona pronuncia una sillaba, per esempio /pa/, la percezione uditiva permette di riconoscerla, distinguendola da altre sillabe come /ga/, /da/, /po/, /pi/. Grazie alla percezione uditiva, riconosciamo la sillaba /pa/ quando viene pronunciata da Tizio, piuttosto che Caio o Sempronio; saremo in grado di riconoscere chi la pronuncia, ma saremo anche in grado di riconoscere che la sillaba pronunciata è sempre la stessa, anche quando viene prodotta da persone diverse. Quindi la percezione uditiva è una forma di categorizzazione, che è il frutto di un'elaborazione di impulsi nervosi e non la semplice copia neurale di un fenomeno acustico.

I fenomeni acustici possono essere suddivisi in quattro categorie:
1. fenomeni acustici ambientali, indipendenti dall'esistenza di un sistema sensoriale deputato alla loro codifica (per esempio il rumore del frigorifero);
2. fenomeni acustici usati per fini comunicativi non verbali (per esempio il suono di una sirena di un'ambulanza);

3. fenomeni acustici usati per fini comunicativi verbali orali (come nelle parole articolate);
4. fenomeni acustici con significato solo per alcuni sottogruppi all'interno di una popolazione (per esempio la musica lirica).

Di ognuna di queste quattro categorie l'apparato uditivo è in grado di riconoscere le caratteristiche essenziali (Schindler e Albera, 2001). Le caratteristiche essenziali di un suono sono quelle che ne consentono il riconoscimento. Per esempio, la caratteristica essenziale della sirena delle ambulanze è la bitonalità, con il susseguirsi regolare nel tempo di due suoni della stessa intensità, di cui il primo più lungo del secondo, e con un preciso intervallo di frequenza (rispettivamente 392 e 660 Hz). Le caratteristiche essenziali del suono dell'ambulanza sono indipendenti dalle sue caratteristiche acustiche; infatti, una sirena in lontananza e una in prossimità danno suoni d'intensità diversa, ma evocano la stessa immagine percettiva, quella della sirena dell'ambulanza. Questa stessa immagine sarebbe inoltre riconosciuta da chiunque, se la stessa sequenza melodica provenisse da uno strumento musicale anziché dalla sirena dell'ambulanza; naturalmente chi sentisse una melodia tipo suono dell'ambulanza fatta da un organo sarebbe in grado di riconoscere sia la "musica" dell'ambulanza sia che è prodotta da una fonte sonora differente rispetto alla sirena.

Il processamento percettivo prevede almeno due momenti: l'individuazione delle caratteristiche fisiche salienti dello stimolo (la frequenza del suono e l'andamento temporale, nel caso del suono dell'ambulanza); l'attribuzione di queste caratteristiche a un fenomeno sonoro noto (la sirena dell'ambulanza che sta suonando). Solo la pregressa esperienza del fenomeno sonoro consente questo secondo passaggio. Infatti un aborigeno australiano sarebbe in grado di individuare le caratteristiche salienti del suono della sirena, la bitonalità, ma non di attribuirle al fenomeno sonoro, la sirena dell'ambulanza, perché non ha mai visto e sentito correre un'ambulanza a sirene spiegate. Nel presente capitolo verranno descritti gli elementi principali della percezione uditiva, anche detta *processamento uditivo centrale*.

L'ASHA (*American Speech, Language and Hearing Association*) definisce il processamento uditivo centrale come "i meccanismi del sistema uditivo responsabili per i seguenti comportamenti: localizzazione sonora e lateralizzazione; discriminazione uditiva, riconoscimento dei pattern uditivi; aspetti temporali dell'udito, compresi la risoluzione, il mascheramento, l'integrazione e l'ordinamento temporale; performance uditiva con segnale acustici competitivi; performance uditiva con segnali acustici degradati" (www.asha.org). La definizione sopra riportata mette in evidenza che la percezione uditiva è un comportamento, quindi un'azione; infatti l'elaborazione nervosa è un fenomeno attivo che richiede la piena partecipazione della persona. Nel caso di una persona che stia dormendo, questa sarà in sempre in grado di trasdurre i suoni, ma non di processare gli impulsi nervosi generati (Plourde et al, 2006). Ugualmente, le capacità percettive di una persona in stato soporoso sa-

ranno alquanto ridotte. Non risulta neanche difficile capire che tanto più complesso è il compito percettivo richiesto, tanto maggiore sarà il coinvolgimento del sistema attentivo. Per esempio, se dobbiamo distinguere il suono di un pianoforte da
quello di un sax non abbiamo bisogno di molta attenzione; tuttavia, se dobbiamo
distinguere la sillaba /pa/ dalla sillaba /ba/ in un ambiente rumoroso, abbiamo bisogno
di molte risorse attentive.

Oltre a cercare di comprendere che cosa si intenda per percezione uditiva, è anche necessario individuare gli elementi in cui possa essere scomposto questo comportamento. Nel mondo anglosassone sono stati individuati quattro comportamenti
differenti e di difficoltà crescente alla base della percezione uditiva:
1. la detezione, cioè la presenza o meno di una sonorità;
2. la discriminazione, cioè stabilire se due stimoli sono diversi o uguali;
3. l'identificazione, riconoscere uno stimolo fra un numero ristretto di stimoli possibili;
4. il riconoscimento, cioè riconoscere uno stimolo in un set aperto, quindi senza
   l'aiuto di una scelta multipla (Erber, 1982).

In ambito italiano, invece, è stata condotta un'analisi volta ad individuare non
tanto gradi di sofisticazione sempre maggiore, quanto elementi determinanti per la
categorizzazione degli stimoli acustici ambientali. Sono stati pertanto elaborati nove parametri della percezione uditiva:
1. coordinazione uditivo-motoria, abilità precoce per cui la percezione di uno stimolo permette di regolare un movimento (es. quando riempiamo un secchio
   d'acqua, man mano che l'acqua si accumula, cambiano le caratteristiche sonore
   del flusso d'acqua che cade nel secchio e diminuiamo il grado di apertura del la-
   vandino);
2. separazione figura-sfondo, cioè l'abilità di concentrare l'attenzione sullo stimolo che ci interessa fra tutti quelli presenti (es. a un concerto ignoriamo i rumori
   prodotti dal pubblico, per cogliere meglio gli elementi musicali);
3. costanza timbrica, cioè l'abilità di riconoscere una sonorità per le proprie caratteristiche timbriche;
4. separazione silenzio-sonorità, l'abilità che permette di sviluppare la durata e
   quindi i ritmi;
5. separazione impulsivo-continuo;
6. separazione suono-rumore;
7. dinamica di altezza, cioè la facoltà di giudicare l'andamento della frequenza nel
   tempo e quindi le melodie;
8. dinamica d'intensità, cioè la facoltà di trarre informazioni del variare nel tempo
   dei rapporti fra l'intensità di sonorità successive;
9. separazione fra sonorità continue e sonorità continue regolarmente interrotte
   (Martini, 2004).

Nella Tabella 2.1 sono messi in relazione i parametri descritti con le classi fonetiche che permettono di individuare nella lingua italiana.

Tabella 2.1. Parametri percettivi e classi fonetiche individuabili

Parametro percettivo	Classe fonetica
Costanza timbrica	Distinzione fra le vocali. Distinzione fra le fricative
Separazione silenzio/sonorità	Distinzione fonemi afoni/sonori
Separazione impulsivo/continuo	Distinzione occlusive/fricative
Separazione suono/rumore	Distinzione vocali/consonanti
Dinamica di altezza	Distinzione fra frasi affermative, esclamative e interrogative
Dinamica d'intensità	Distinzione di parole con accento diverso (per esempio, papa/papà o àncora/ancòra)
Separazione sonorità continue/continuamente interrotte	Distinzione [r]/[l]

Le basi neurali della percezione uditiva

Esiste un consenso internazionale nel sostenere che la via acustica centrale – cioè la rete neurale estesa dal ganglio di Corti alla corteccia uditiva primaria – costituisca il substrato neurale per il comportamento percettivo. Una delle caratteristiche della via acustica è la compresenza di sistemi afferenti ed efferenti, anche se questi ultimi costituiscono una parte minore. Si definisce *afferente* un sistema che trasporta informazioni, sotto forma di sequenza di potenziali d'azione, dalla periferia al centro, quindi nel caso specifico dalla coclea alla corteccia uditiva; si definisce *efferente* un sistema opposto, in grado cioè di trasportare informazioni dalla corteccia uditiva alla coclea. La via acustica centrale (Fig. 2.1) è una rete neurale formata da una serie di nodi, detti *nuclei*; dal punto di vista anatomico, il nucleo è un aggregato individuabile di neuroni. All'interno di ogni nucleo convergono informazioni afferenti ed efferenti, formando un complesso sinaptico considerevole; l'attività neurale della via acustica centrale costituisce la base biologica del comportamento percettivo.

Il *ganglio spirale di Corti*, collocato a livello cocleare, è formato da circa 30.000 neuroni, il 90% dei quali è di tipo afferente, contraendo sinapsi prevalentemente con le cellule ciliate interne della coclea; i rimanenti sono di tipo efferente e formano sinapsi prevalentemente con le cellule ciliate esterne. Dal momento che ogni cellula ciliata interna contrae sinapsi con almeno 10 differenti fibre di cellule afferenti, se ne deduce che ogni cellula ciliata interna invia al sistema nervoso centrale informazioni di diversa natura.

Il *nucleo cocleare*, formato da circa 88.000 neuroni, riceve tutti gli assoni provenienti dal ganglio di Corti ed è situato nella parte caudale del tronco encefalico: il bulbo.

Il *complesso olivare superiore* è collocato a livello pontino ed è formato da tre nuclei, per un totale di 34.000 neuroni circa: l'*oliva superiore mediale*, l'*oliva superiore laterale* e il *nucleo del corpo trapezoide*. Il complesso olivare superiore riceve afferenze dal nucleo cocleare e invia efferenze sia alla coclea, sia a nuclei afferenti successivi. Il complesso olivare superiore è la prima sede in cui convergono fibre ispilaterali e controlaterali.

Il *nucleo del lemnisco laterale*, sempre a sede pontina, formato da circa 34.000 neuroni, riceve fibre dal complesso olivare superiore e invia fibre al *collicolo inferiore*, importante sede mesencefalica.

L'ultimo nucleo generalmente descritto prima della corteccia uditiva primaria è il *corpo genicolato mediale*, situato a livello del talamo, formato da ben 364.000 neuroni. Dal nucleo genicolato mediale le afferenze portano poi alla corteccia uditiva primaria, formata da 10.000.000 di neuroni circa (Chow, 1951), situata a livello dei giri temporali superiori e corrispondente alle *aree di Brodman 41* (*giro di Heschl*) e *42*.

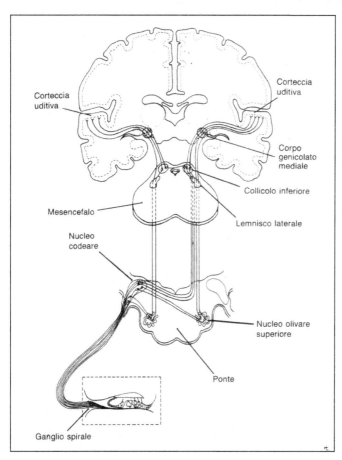

Fig. 2.1. Rappresentazione schematica della via acustica centrale specifica

Se questa è la base neurale della percezione uditiva e costituisce la cosiddetta *via specifica*, non si può dimenticare che esiste una via non specifica in cui afferenze provenienti dalla coclea sono processate e contribuiscono a una serie di comportamenti non percettivi. In modo particolare si sottolinea il ruolo della sostanza reticolare, importante struttura nel regolare veglia e attenzione, le connessioni con l'ipotalamo e la via ormonale, e il ruolo di nuclei sottocorticali diencefalici, come l'amigdala e lo striato, importanti strutture nella regolazione rispettivamente delle emozioni e dei movimenti.

La diffusione di moderne tecniche di neuroimaging come la tomografia a emissione di positroni (PET) e la risonanza magnetica funzionale (fMRI) e l'ampliamento degli studi neurofisiologici sui primati hanno esteso la visione sulle strutture nervose coinvolte nella percezione uditiva. Il cervelletto, da sempre ritenuto coinvolto nel controllo motorio, negli ultimi anni è stato al centro di numerosi studi che hanno dimostrato il suo coinvolgimento in compiti percettivi e cognitivi (Gao et al, 1996). In modo particolare studi con fMRI hanno evidenziato l'attivazione dell'emisfero cerebellare destro durante l'ascolto di click (Ackermann et al, 2001). La stessa tecnica è stata utilizzata per lo studio del processamento temporale degli stimoli acustici: si è osservato che alcune strutture dei gangli della base – putamen destro e testa del caudato bilateralmente – sono attivi precocemente, mentre in fasi più avanzate si attivano regioni cerebellari (Rao et al, 2001).

Rivoluzionari sono i dati relativi all'attivazione corticale frontale in compiti percettivi. Già nel 1982 è stata osservata l'attivazione di aree frontali, in modo particolare dell'area di Broca, durante l'ascolto di parole (Nishizawa et al, 1982), dato confermato da numerosi studi successivi. Studi su primati e successivamente su umani mostrano interessanti connessioni fra la corteccia temporale e aree parietali da un lato e frontali dall'altro (Bushara et al, 1999; Romanski et al, 1999; Wise 2003). Sono stati individuati due circuiti: uno deputato all'elaborazione di informazioni spaziali (da dove viene il suono?), l'altro all'analisi spettrale (che tipo di suono è?). Il primo circuito collega la corteccia temporale anteriore alla corteccia prefrontale ventrale e rostrale attraverso il fascicolo arcuato; l'altro, attraverso il fascicolo arcuato, porta fibre alla corteccia prefrontale anteriore. Questi dati diventano suggestivi se collegati alla recente individuazione di neuroni "specchio" (*mirror neurons*) nelle aree frontali corrispondenti all'area di Broca (Kohler et al, 2002). I neuroni specchi, individuati sia per il sistema visivo sia per quello uditivo, sono attivi nell'esecuzione di determinati compiti, così come nell'udire i suoni prodotti da tali compiti: per esempio, i neuroni si attivano sia quando il soggetto appallottola la carta, sia quando egli sente il rumore di carta appallottolata. Sembrerebbe quindi trattarsi di una popolazione di neuroni in grado non solo di rappresentare schemi motori, ma anche di cogliere gli effetti di tali schemi. Questi dati suggeriscono l'analogia con l'ascolto delle parole e gli schemi motori necessari per la loro produzione; recentemente è stato infatti visto che le aree di attivazione corticale nella produzione articolatoria di parole sono in gran parte sovrapponibili a quelle presenti nella percezione delle stesse parole (Wilson et al, 2004; Iacoboni, 2008).

Nella sezione precedente sono state descritte le strutture principali coinvolte nella percezione uditiva; verrà ora descritto il loro funzionamento. Come già detto, la via acustica è una rete neurale formata da diversi nuclei, con collegamenti sinaptici fra i neuroni di ciascun nucleo e fra i vari nuclei. I punti attivati in questa rete neurale sono specifici per ogni suono udito. Lungo la via acustica aumenta progressivamente il numero di neuroni deputati all'elaborazione del segnale; per contro, il numero d'informazioni gestite diminuisce progressivamente. Se infatti le informazioni del mondo esterno sono dell'ordine di 10^{11} bit/sec, quelle elaborabili corticalmente sono appena 10^2 bit/sec (Schindler et al, 2001). Questo fenomeno, se da un lato rende spiegazione del fatto che non possiamo coscientemente gestire troppe informazioni, dall'altro spiega quanto sia importante che, della messe di informazioni esistenti (10^{11} bit/sec), si selezionino solo le più importanti (10^2 bit/sec) e si eliminino quelle considerate di minor rilievo (10^9 bit/sec).

Nell'elaborazione delle informazioni sono utilizzati due sistemi, detti *bottom-up* e *top-down*. Il sistema bottom-up (letteralmente, dal basso all'alto) elabora le informazioni in entrata, ossia quelle tradotte dall'orecchio e man mano analizzate dai nuclei della via acustica; il sistema top-down, invece, utilizza informazioni già note, frutto dell'esperienza precedente e immagazzinate in diversi sistemi di memoria, per prevedere e pre-settare i centri di elaborazione della via acustica. Così, se sentiamo una parola nuova (per esempio un cognome) dobbiamo utilizzare prevalentemente la via bottom-up; se invece sentiamo una parola all'interno di una frase, usiamo sia sistemi bottom-up sia sistemi top-down, che ci permettono di prevedere quella parola sulla base delle informazioni grammaticali e semantiche dell'intera frase. I sistemi top-down sono di estrema importanza nella percezione di segnali degradati (per esempio, per l'alto rumore di fondo o quando stiamo parlando con il telefonino in una zona con un cattivo campo). I sistemi top-down sono inoltre essenziali nell'attenzione uditiva, cioè nel cercare di limitare il processamento dei suoni unicamente ad alcuni; per esempio, se ci troviamo in una stanza dove quattro persone stanno parlando a voce alta e dobbiamo parlare al telefono, dobbiamo cercare di non prestare attenzione alla loro conversazione, per concentrarci unicamente sulle parole del nostro interlocutore telefonico; i sistemi top-down metteranno in rilievo i suoni provenienti dall'apparecchio telefonico, favorendone il processamento, mentre i suoni delle quattro persone saranno messi in secondo piano.

Modelli cognitivi della percezione uditiva

Nel corso del tempo sono stati proposti diversi modelli esplicativi della percezione uditiva. Qui di seguito ne vengono riportati alcuni ritenuti più significativi per comprendere il significato di questo comportamento così importante. La maggior parte dei modelli è stata elaborata per la percezione della parola (*speech perception*), che può essere considerata un aspetto particolare della più generica percezione uditiva (*auditory perception*). Diversi studi hanno infatti ormai confermato che le caratteristiche di funzionamento per stimoli acustici fonemici e non fonemici sono sostanzialmente sovrapponibili (Hauser et al., 2002).

Uno fra i primi modelli proposti prevede che l'elaborazione dell'informazione segua diverse fasi (Fig. 2.2): 1) predizione, 2) attenzione, 3) ricezione, 4) analisi e infine 5) percezione (Sanders, 1993). La *predizione* è la nostra capacità di calcolare in anticipo la probabilità di un determinato pattern di stimoli e la verosimile evoluzione di un evento acustico; in altre parole cerchiamo di sfruttare la memoria di quanto già udito per preparare il sistema uditivo, facilitando la detezione, la ricezione e l'analisi di quello che ci aspettiamo di ricevere. In questo modo si fornisce un grande peso ai processi attivi della percezione. Per questa fase della percezione hanno un ruolo importante i sistemi efferenti (top-down) dalla corteccia alla coclea.

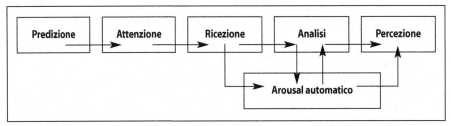

Fig. 2.2. Un modello del processo percettivo

La fase successiva, di *attenzione*, o meglio di attenzione selettiva, focalizza la funzione percettiva su alcuni aspetti dello stimolo tralasciandone altri; questo meccanismo evidentemente permette di selezionare nel processamento dello stimolo aspetti diversi a seconda delle circostanze. Si tratta quindi di una funzione attiva del soggetto che percepisce, indipendentemente dallo stimolo acustico; per esempio, ascoltando una persona posso scegliere di analizzare gli aspetti prosodici tralasciando completamente quelli verbali o viceversa, a seconda di quello che mi interessa in un determinato momento. Studi neurofisiologici hanno dimostrato che l'attenzione selettiva è in grado di modificare l'attività del sistema uditivo già 20 msec dopo l'inizio della stimolazione, ben prima che inizi l'analisi corticale (Woldorff et al, 1993). Con il termine *ricezione* si intende un processo molto precoce della percezione, corrispondente alla ricodificazione del segnale acustico in energia neurale, cioè in potenziali d'azione. Il processo di *analisi* è considerato come un processo di confronto fra il pattern percettivo atteso sulla base dei processi precedenti e di altre informazioni contestuali ricevute anche attraverso altri canali senso-percettivi e il segnale ricevuto. Il segnale ricevuto prima di essere confrontato viene processato da una serie di unità in grado di riconoscere tratti; in altre parole, il segnale passa attraverso unità in grado di verificare l'esistenza di una determinata caratteristica (per esempio sonorità a inizio improvviso): ogni unità darà il responso per il proprio tratto e l'insieme delle unità fornirà l'insieme di tratti specifici dello stimolo. Per poter svolgere questo complesso processo è tuttavia necessaria una determinata quantità di tempo; per questo motivo si sfrutta il sistema mnesico per costruire una copia del segnale. Possiamo individuare due parti del sistema mnesico: la memoria ecoica e la memoria a breve termine. La prima è da considerarsi una replica del segnale trasdotto, non accessibile alla coscienza e di brevissima durata. La memoria a breve termine è invece cosciente ed è già il frutto di un processo analitico, in cui sono stati riconosciuti i tratti distintivi, anche se non si è ancora formata un'immagine completa del segnale trasdotto. L'*arousal autonomico* fa riferimento all'attivazione dell'intero sistema, verosimilmente a opera della sostanza reticolare, in modo da calibrare costantemente il segnale ipotizzato con il segnale in corso di percezione. La *percezione*, o meglio il percetto, è il prodotto finale dell'intero sistema.

Un modello interessante per la sua applicabilità alla percezione di parole pronunciate in successione e non della singola parola è quello proposto da Massaro (1999; Fig. 2.3).

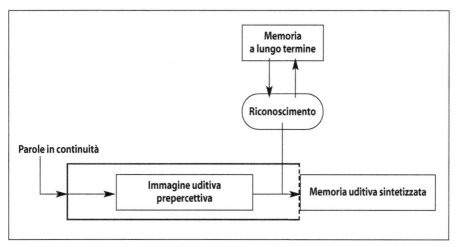

Fig. 2.3. Diagramma schematico che illustra il processo di riconoscimento nella parola trasformando un'immagine uditiva prepercettiva in una memoria uditiva sintetizzata

Lo stimolo uditivo è trasformato dal sistema percettivo in un codice neurale, chiamato immagine uditiva prepercettiva, capace di mantenersi per circa 250 msec; in questo periodo ha luogo il processo di riconoscimento. Il riconoscimento trasforma l'immagine prepercettiva in un'esperienza percettiva, detta *percetto sintetizzato*. Il punto critico è rappresentato dai pattern necessari per il riconoscimento della parola: questi pattern prendono il nome di *unità percettive*. Ogni unità percettiva della parola ha una propria rappresentazione nella memoria a lungo termine, il *prototipo*. Il prototipo contiene una serie di tratti acustici che definiscono le proprietà del pattern sonoro, così come viene rappresentato nell'immagine uditiva prepercettiva. Il processo di riconoscimento consiste allora nel ricercare il prototipo che meglio si sovrappone all'immagine uditiva prepercettiva. L'intero processo potrebbe essere così sintetizzato: il segnale acustico viene trasformato in un codice neurale che individua alcuni tratti acustici; nel processo di riconoscimento tale codice neurale viene confrontato con una serie di prototipi finché si individua quello che meglio si sovrappone: a questo punto abbiamo l'esperienza percettiva. L'unico punto rimasto aperto è la dimensione dell'unità percettiva, da alcuni considerata il fonema, da altri addirittura l'intera frase.

Uno dei modelli per il riconoscimento della parola più recentemente proposti sulla base di elaborate valutazioni psicoacustiche è il modello di attivazione per vicinanza (Luce e Pisoni, 1998, Fig. 2.4). Questo modello prevede che il riconoscimento di una parola si basi su processi probabilistici che integrano informazioni provenienti dal sistema lessicale, distribuito nelle aree associative corticali, con informazioni percettive provenienti dalla parte più bassa della via acustica. Una volta che la parola giunge all'orecchio, le prime stazioni della via corticale estraggono i parametri fonetico-acustici; questi dati entrano quindi in un'unità decisionale in cui convergono informazioni lessicali. La combinazione di questi due tipi d'informazioni permette di scegliere la parola più probabile, che solo in questo momento viene riconosciuta. È quindi evidente che l'attività percettiva è il frutto combinato di sistemi top-down e bottom-up.

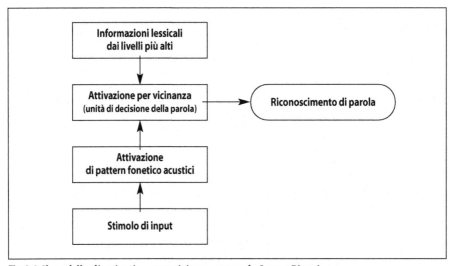

Fig. 2.4. Il modello di attivazione per vicinanza secondo Luce e Pisoni

Un'ultima teoria da prendere in considerazione è la teoria motoria della percezione della parola (*motor theory of speech perception*, Liberman e Mattingly, 1985). Il suo punto centrale è che l'oggetto della percezione della parola sono i gesti fonetico-articolatori voluti dall'emittente; questi sono rappresentati nel sistema nervoso centrale come comandi motori fissi che generano movimenti degli organi articolatori in riferimento a configurazioni linguistiche significative. In altre parole, la percezione della parola ha come obiettivo l'identificazione dei movimenti articolatori del nostro interlocutore; questi stessi movimenti articolatori sono rappresentati nel cervello dell'ascoltatore come comandi motori che inducono movimenti degli organi articolatori significativi a fini linguistici. Quindi i comandi articolatori – arrotondamento delle labbra, abbassamento della mandibola… – sono eventi elementari della produzione e della percezione della parola.

Moderni studi di neuroimaging hanno permesso di elaborare un modello che ben evidenzia alcuni aspetti della teoria motoria della percezione della parola (Iacoboni, 2008; Fig. 2.5). Secondo il modello, la corteccia temporale superiore è coinvolta nell'analisi acustica, mentre la corteccia premotoria è dedita alla simulazione della produzione fonetica; questa simulazione consente di predire le conseguenze acustiche della produzione fonetica, che sarebbero confrontate nella corteccia temporale con l'analisi acustica dei fonemi. Il confronto genererebbe quindi un segnale di errore da inviare alla corteccia premotoria; a questo punto la corteccia premotoria potrebbe simulare in modo corretto la produzione fonetica da utilizzare per la categorizzazione del fonema.

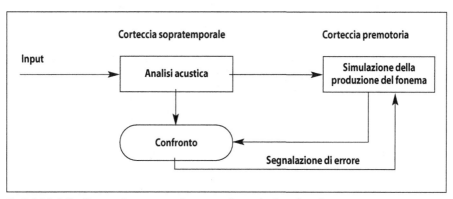

Fig. 2.5. Modello di percezione per confronto con la produzione fonetica

Abbiamo quindi visto come la percezione uditiva, anche definibile come comportamento percettivo, non dispone ancora di un modello univoco; tutti i modelli riportati sono però unificati dal fatto che il processo prevede almeno due fasi: una di trasformazione dello stimolo acustico in un codice neurale che mette in evidenza i principali tratti distintivi, e una di confronto di tali tratti con rappresentazioni neurali prototipiche dei tratti distintivi, formatisi con l'esperienza personale. In questo modo è possibile spiegare almeno due fenomeni: l'evoluzione della capacità percettiva con l'età (Kuhl et al, 1992) e la possibilità di percepire, secondo categorie predeterminate, fenomeni acustici fortemente distorti (Remez et al, 1981).

Lo sviluppo della percezione uditiva

Lo studio dello sviluppo della percezione uditiva non ha ancora consentito di costruirne un'immagine precisa; tuttavia i dati emersi consentono di comprendere alcuni elementi fondamentali della percezione uditiva e del suo sviluppo. Un particolare aspetto indagato è stato quello della discriminazione fonemica, ossia della capacità di distinguere coppie di sillabe come /da/ e /ba/. È stato confermato che questa abilità è specifica per ogni lingua e frutto dell'esperienza; infatti, si è osservato che adulti giapponesi non sono in grado di distinguere la coppia /ra/-/la/, non essendo presente nella lingua giapponese e non avendola quindi mai udita. Bambini fino ai sei mesi di vita sono invece in grado di distinguere coppie di sillabe indipendentemente dalla lingua presentata e da quella di appartenenza. A sei mesi di vita l'abilità discriminativa migliora per le sillabe della lingua madre e decade per le rimanenti lingue (Kuhl et al, 1992). A un anno di vita questa abilità è confinata alle coppie di sillabe della lingua cui si è esposti (Werker e Tees, 1984; Tsushima et al, 1994).

La discriminazione fonemica naturalmente non è che un aspetto nell'evoluzione della percezione uditiva; altri aspetti indagati sono la discriminazione di ampiezza e di frequenza, la risoluzione temporale, le proprietà soprasegmentali della parola e la capacità di segmentazione. Per quanto riguarda la discriminazione di frequenza e intensità, il dato principale di cui disponiamo è che per entrambe bambini di sei mesi di vita sono in grado di cogliere differenze circa doppie rispetto a quanto sono in grado di fare gli adulti (differenze di 5 dB HL e del 2% di frequenza, rispetto ai 2 dB HL e all'1% di differenza in frequenza coglibile dagli adulti) (Sinnot e Aslin, 1985). Nello studio della risoluzione temporale è stato osservato che bambini di sei mesi sono in grado di cogliere interruzioni di un segnale continuo quattro volte maggiore rispetto a quanto siano in grado di fare gli adulti; detto in altri termini, mentre gli adulti sono in grado di cogliere un'interruzione di un segnale continuo di x millisecondi, a un bambino di sei mesi sono necessari 4x millisecondi per rendersi conto che esiste un'interruzione del segnale (Werner et al, 1992). L'abilità percettiva di aspetti soprasegmentali è molto precoce: bambini di due mesi di vita sono in grado di discriminare foni fonemici sulla base di differenze prosodiche, come gli accenti e gli andamenti melodici (Jusczyk e Thompson, 1978). La capacità di segmentazione è invece più tardiva: verso la fine del primo anno di vita si osservano i primi segni dell'abilità di distinguere le pause fra due sillabe rispetto a quelle fra due parole (Myers et al, 1996). La ricerca sullo sviluppo percettivo ha quindi messo in evidenza la precocità di molti aspetti di questa abilità, ma mancano dati su quando e come questi e altri aspetti si solidifichino nel bambino normodotato.

Oltre a comprendere le tappe dello sviluppo percettivo è necessario comprendere come si modifica il funzionamento della via acustica durante lo sviluppo. È noto che man mano che i neuroni maturano, acquisiscono una dipendenza assoluta da fattori trofici: la morte o il vigore cellulare dipendono dal contatto con l'appropriato target (che può essere tanto l'organo di senso, quanto un neurone). È il target a produrre il fattore trofico (una proteina), che si lega a specifici recettori di membrana del neurone; le conseguenze di questo legame sono essenziali sia per la sopravvivenza cellulare sia per il controllo delle arborizzazioni terminali. Quindi la presenza di fattori trofici favorisce sia lo sviluppo sia il mantenimento della via acustica centrale (Fig. 2.6).

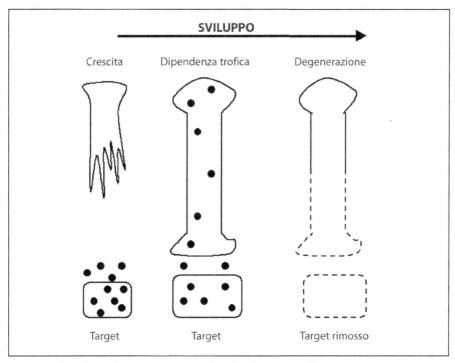

Fig. 2.6. La dipendenza dei neuroni dai fattori trofici, durante lo sviluppo

Tutto ciò sta a significare che, nel caso della sordità congenita, il cattivo funzionamento dell'orecchio (che è il target del I neurone sensoriale della via acustica) ha conseguenze nefaste sul I neurone sensoriale della via acustica, il quale a sua volta non potrà funzionare da buon target per il II neurone sensoriale e così via. Nel caso in questione, quindi, tutta la via acustica centrale (nelle sue componenti afferente ed efferente) sarà estremamente meno efficiente rispetto a un soggetto normoacusico.

Altro punto rilevante è che le terminazioni neurali di cellule diverse sono in competizione fra di loro per il supporto trofico. Durante lo sviluppo, neuroni innervano target in quantità superiore rispetto alla disponibilità di fattore trofico; ne deriva una competizione fra diversi neuroni, che aiuta a regolare il numero di cellule nervose e il numero di contatti fra cellule pre- e post-sinaptiche. Per esempio è stato dimostrato che in stadi precoci dello sviluppo assoni del nervo cocleare, provenienti da quattro neuroni diversi, fanno sinapsi con il neurone target del nucleo olivare. In uno stadio successivo, invece, lo stesso neurone target si connette sinapticamente con soli due assoni di due neuroni differenti. Sembra che due fattori influenzino la competizione fra assoni terminali durante lo sviluppo: 1) la presenza di fattori trofici specifici ai quali rispondono differenti classi di assoni; 2) il livello e i pattern temporali di attività neurale fra i diversi assoni competitori, il che corrisponde al tipo di stimoli sonori uditi (Fig. 2.7).

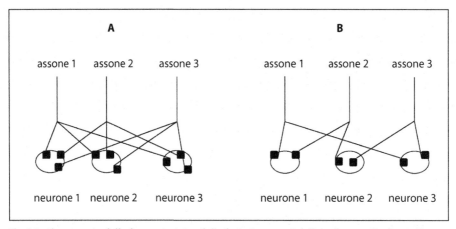

Fig. 2.7. Al passaggio dalla forma *A*, tipica delle fasi più precoci dello sviluppo, alla forma *B*, contribuiscono due forze: i fattori trofici e l'attività neurale, frutto dell'esperienza

Sul piano fisiopatologico si può dedurre che nel caso di un target non integro, leggasi l'orecchio, le precoci stimolazioni uditive (quindi un inizio precoce di una abilitazione uditiva) influenzi le caratteristiche dello sviluppo e del successivo funzionamento della percezione uditiva. I pattern di connessione neurale sono mantenuti in equilibrio durante tutta la vita. Neuroni in soggetti maturi possono formare nuove connessioni sinaptiche o retrarre quelle esistenti. Questo indica che il numero di sinapsi fra la cellula pre- e quella post-sinaptica è la risultante di due forze opposte: l'impeto verso lo sprouting e la tendenza alla retrazione. Lo sprouting di un terminale assonico e la formazione di sinapsi sono evidentemente stimolati da un fattore trofico, mentre la retrazione della sinapsi è indotta dalla scarsità di fattore trofico (Fig. 2.8).

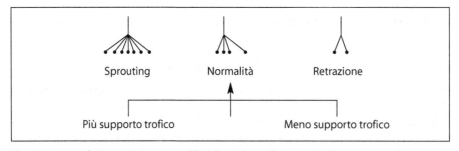

Fig. 2.8. Numero dei bottoni sinaptici nell'adulto in base alla quantità di supporto trofico

Significato analogo a quello del fattore trofico è svolto dall'attività neurale: più una sinapsi viene attivata, più si rafforza; più viene mantenuta silente, più è probabile che si degradi. L'efficacia sinaptica può aumentare, o diminuire, sia in termini di aumento di neurotrasmettitore rilasciato da un bottone terminale, sia in termini di aumento del numero di contatti sinaptici fra due neuroni. Questo sta a indicare che un'adeguata stimolazione porta conseguenze significative anche quando lo sviluppo è ormai terminato e le principali vie nervose si sono stabilite. A maggior ragione prima che ciò accada, un intenso allenamento uditivo plasma la via acustica e ne aumenta l'efficienza.

Durante lo sviluppo della percezione uditiva molte connessioni interneurali attraversano un periodo in cui le capacità di aggiustamento sono decisamente superiori che non nell'adulto. In questo *periodo sensitivo* le proprietà anatomiche e funzionali dei neuroni sono particolarmente sensibili alle modificazioni derivanti dall'esperienza. Una forma peculiare di periodo sensitivo è il *periodo critico*, fase in cui le appropriate esperienze sono essenziali per lo sviluppo di una serie di connessioni. Durante il periodo critico le vie neurali attendono specifiche informazioni, codificate dagli impulsi nervosi, per continuare il proprio sviluppo normalmente: se non si hanno esperienze appropriate, le vie nervose non acquisiscono l'abilità di processare le informazioni in modo appropriato e la percezione è compromessa in modo permanente (Zigmond et al, 1999).

In un settore leggermente diverso, quello della percezione visiva, si sono avute dimostrazioni importantissime sull'importanza dei periodi critici. Celeberrimi sono gli esperimenti di Hubel e Wiesel sulla formazione della corteccia visiva primaria: la caratteristica striatura, segno delle informazioni provenienti dai due occhi separati, si ha soltanto se entrambi gli occhi sono funzionanti. Se uno diviene non funzionante durante le prime fasi dello sviluppo, non si avrà più la caratteristica striatura della corteccia visiva primaria, dal momento che tutte le informazioni provengono da uno stesso occhio. Ciò significa che le connessioni fra organo periferico e corteccia possono avvenire solo con un'adeguata esperienza sensoriale in un periodo ben preciso dello sviluppo (Hubel e Wiesel, 1970).

I periodi critici hanno fine quando l'individuo ha avuto esperienze adeguate e le vie nervose hanno raggiunto un grado di connessione sufficiente. Si sa inoltre che i periodi critici si prolungano se il soggetto è privato di un numero di esperienze adeguate. Quest'ultimo dato conferma che gli eventi che generano gli aggiustamenti tipici dei periodi critici sono l'attivazione ripetuta di neuroni in cui questi aggiustamenti si verificano.

I dati provenienti dalla scienza di base concordano abbastanza con quelli clinici; infatti, alcuni periodi di particolare importanza per lo sviluppo dell'abilità percettiva uditiva sono da considerarsi:
- il periodo dal sesto al nono mese di gestazione, in cui si hanno le rudimentali esperienze intrauterine;
- il primo semestre di vita, con valore informativo sul mondo esterno;
- il secondo semestre di vita, fondamentale per la comunicazione non verbale;
- il terzo semestre di vita, utile per la comunicazione preverbale;

- il periodo fino al terzo anno di vita, utile ai fini della comunicazione verbale;
- il periodo compreso fra il terzo e il sesto anno di vita, in cui si stabilizzano le abilità necessarie per la comunicazione verbale;
- il periodo compreso fra il sesto anno di vita e l'adolescenza, in cui si affinano le abilità percettive, per esempio ai fini musicali, e oltre il quale non sono più possibili cambiamenti significativi.

La valutazione della percezione uditiva nel bambino sordo

La valutazione della percezione uditiva deve rispondere a due esigenze: innanzitutto, individuare le aree su cui bisogna iniziare a lavorare, in seguito verificare l'evoluzione compiuta dal bambino. Attualmente in Italia sono due i test che trovano la maggiore applicazione clinica: essi sono l'EARS e la Valutazione della percezione verbale nel bambino ipoacusico (Schindler et al, 2003). Viene di seguito effettuata una loro breve presentazione.

EARS (*Evaluation of Auditory Responses to Speech*)

Questo test (Allum, 1998) è organizzato come una batteria di prove (originariamente in lingua inglese e adattate all'italiano) volte a valutare un range di abilità, senza fare riferimento a una sequenza progressiva nello sviluppo percettivo; può essere utilizzato a partire dalle fasi molto precoci fino a quelle più avanzate. Il materiale sonoro non è registrato, ma prodotto dall'esaminatore durante il test: ciò rende le prove meno obiettive, ma consente maggiore duttilità e semplicità di somministrazione. È formato da sette subtest, il cui ordine di esecuzione non è fissato e i cui stimoli vanno forniti sempre solo uditivamente, senza suggerimenti visivi, quindi a bocca schermata. I subtest sono:
- LiP (*Listening Profile*): valuta le fasi più precoci di sviluppo, in particolare la risposta e l'identificazione di sonorità ambientali, la risposta a strumenti musicali e alla voce, la discriminazione tra due strumenti, tra tamburo ad alta o bassa intensità, tra colpo di tamburo singolo o ripetuto, la risposta a cinque sonorità vocali, a sonorità vocali ad alta e bassa intensità, singole e ripetute, la discriminazione tra sonorità vocali lunghe o brevi, tra cinque sonorità vocali, tra due nomi familiari di lunghezza sillabica diversa, l'identificazione del proprio nome; è somministrabile a ogni età;
- BTP (Bisillabi, Trisillabi, Polisillabi): valuta l'abilità d'identificazione di parole di diversa lunghezza sillabica; viene richiesto al bambino di indicare la parola udita all'interno di un set chiuso di tre, sei o dodici immagini (a seconda del livello del soggetto); non è necessaria l'identificazione della parola esatta, è sufficiente che venga indicata una parola che abbia lo stesso numero di sillabe dello stimolo; può essere somministrato dai due anni in su;
- parole in set chiuso: valuta l'identificazione di parole bisillabiche conosciute; avviene su indicazione in un set chiuso di quattro o dodici immagini, ed è richie-

sta l'indicazione della figura esatta corrispondente alla parola stimolo; è somministrabile a partire dai tre anni;
- Tyler-Holstad: valuta l'identificazione di parole concatenate tra loro; non viene richiesta la comprensione del significato delle frasi; avviene tramite indicazione di immagini organizzate in matrici di figure a quattro livelli di difficoltà (matrici a sei, nove, dodici o sedici immagini); ogni parola individuata correttamente con l'indicazione della rispettiva immagine vale un punto; non è somministrabile prima dei quattro anni;
- parole in set aperto: valuta il riconoscimento di parole bisillabiche, che il bambino deve ripetere; si tiene conto sia delle parole sia dei fonemi ripetuti correttamente; la somministrazione può partire dai quattro anni;
- GASP (*Glendonald Auditory Screening Procedure*): valuta il riconoscimento di domande semplici, in seguito alle quali viene richiesta al bambino la ripetizione o la risposta (entrambe le possibilità sono ritenute corrette); è somministrabile dai quattro anni in su;
- frasi specifiche per il linguaggio: valuta il riconoscimento di frasi sconosciute, che il bambino deve ripetere; viene calcolato il numero di parole e di frasi ripetuto correttamente.

Per le prove in set chiuso è prevista una familiarizzazione con gli item, che non inficia l'attendibilità del test stesso poiché l'individuazione dello stimolo, nonostante la familiarizzazione, avviene esclusivamente con un'analisi delle sue caratteristiche acustiche, indipendentemente dalla conoscenza a priori.

Valutazione della percezione verbale nel bambino ipoacusico

La batteria di questo test (Arslan et al, 1997) deriva dalla rielaborazione, dall'assemblaggio e dall'adattamento alla lingua italiana di materiale testistico in lingua inglese (ESP, *Early Speech Perception*; GASP, *Glendonald Auditory Screening Procedure*; NU-CHIPS, *Northwestern University Children's Perception of Speech*, e WIPI, *Word Intelligibilità by Picture Identification*). Essa è composta da quattro test che hanno lo scopo di classificare il bambino in una delle sette categorie percettive elaborate da Moog e Geers nel 1994:
- 0, nessuna detezione della parola;
- 1, nessuna percezione di pattern verbali, incapacità di discriminare parole diverse per durata o accentazione;
- 2, percezione di pattern verbali, capacità di discriminare parole diverse per durata o accentazione;
- 3, iniziale identificazione di parole, capacità di differenziare parole in base a grossolane caratteristiche acustiche e spettrali;
- 4, identificazione della parola mediante riconoscimento di vocali, capacità di differenziare parole diverse solo per la loro componente vocalica;

- 5, identificazione della parola tramite riconoscimento della consonante, capacità di distinguere parole diverse solo per la loro componente consonantica;
- 6, identificazione di parole in condizioni di scelta illimitata, in set aperto.

I quattro test sono:

- PCaP (Prime Categorie Percettive): permette di collocare il bambino in una delle prime quattro categorie percettive; è composto a sua volta da tre subtest, ciascuno presente in una versione standard e una semplificata (con riduzione degli item per l'applicazione con bambini di piccola età). Il primo subtest richiede l'identificazione di parole in base alla durata sillabica, con stimoli bisillabici, trisillabici, quadrisillabici; se è raggiunto il punteggio di cut-off il bambino viene collocato alla categoria 2 e può accedere al secondo subtest. Quest'ultimo valuta l'identificazione in base alle caratteristiche spettrali di parole della stessa durata (quadrisillabiche); se supera il punteggio specificato il bambino può essere collocato alla categoria 3 e affrontare il terzo subtest. Esso valuta l'identificazione in base alle caratteristiche spettrali di parole bisillabiche tutte inizianti con il fonema /p/; se supera il punteggio limite, il bambino è considerato appartenente alla categoria 4.
- TAP (Test delle Abilità Percettive): si compone di tre subtest. Il primo è quello di detezione del fonema, che verifica la capacità di sentire alcuni fonemi della lingua italiana a intensità media o alta. Il secondo, simile alla prova BTP dell'EARS, è l'identificazione di parola in base alla lunghezza e alle caratteristiche spettrali, con parole bisillabiche, trisillabiche e quadrisillabiche; l'analisi dei risultati chiarisce se il bambino ha identificato il pattern di durata sillabica o la parola vera e propria. Il terzo subtest, la comprensione di frasi, è analogo al GASP dell'EARS.
- TIPI 1 (Test di Identificazione di Parole Infantili 1): valuta l'identificazione di parole con diversa componente vocalica. È richiesto un lessico pari a quello medio di un bambino di quattro anni. Per ogni item la scelta è tra quattro parole bisillabiche rappresentate graficamente, di cui una è la parola target, una differisce da essa nella sola componente consonantica, e due sono distrattori.
- TIPI 2 (Test di Identificazione di Parole Infantili 2): valuta l'identificazione di parole con diversa componente consonantica. È richiesto un lessico pari a quello medio di un bambino di quattro anni. Per ogni item la scelta è tra sei parole bisillabiche rappresentate graficamente, di cui una è la parola target, una forma con essa una coppia minima, due sono distrattori con la stessa componente vocalica, e due sono distrattori non foneticamente correlati.

Come nell'EARS, anche tutte le prove vengono somministrate a bocca schermata e con stimoli non registrati, ma prodotti direttamente di volta in volta dall'esaminatore. Rispetto alla prima batteria di test descritta, la Valutazione della percezione verbale nel bambino ipoacusico è più precisa nell'esaminare le abilità percettive per parole singole, ma non sono previste prove con parole concatenate, e quelle in set aperto sono limitate. Infine, essendo previsto un preciso ordine gerarchico nella somministrazione dei test, quest'ultima batteria richiede un tempo minore di somministrazione e risulta quindi più economica.

L'educazione della percezione uditiva

La percezione uditiva è parametro di fondamentale importanza nell'evoluzione di tutti i bambini: possiamo dire semplicemente che è la porta d'ingresso che permette ai suoni e ai rumori di entrare nell'organismo per essere trasformati in segnali nervosi che forniscono informazioni e messaggi di quella parte di realtà che è il mondo sonoro. L'udito non è diverso dagli altri organi di senso: l'occhio, il naso, le papille gustative, i corpuscoli tattili, tutti insieme ci permettono di conoscere il mondo, ciascuno per una sua caratteristica.

L'orecchio però è solo la porta d'ingresso dell'udito: suoni e rumori, infatti, dopo essere stati trasformati in segnali nervosi devono essere trasportati in varie parti del cervello (e del cervelletto) per essere scelti o scartati, per essere confrontati con i ricordi, per causare delle reazioni, per dare i vari tipi d'informazione.

Questo complicato sistema è condizionato a molti aspetti, ma soprattutto al fatto che il mondo offre assai più informazioni sonore di quelle che siamo in grado di valutare. Ogni secondo arrivano all'orecchio centinaia di miliardi di informazioni (che l'orecchio trasforma tutte in segnali nervosi), ma il cervello può prenderne in considerazione solo qualche centinaia al secondo: per questo motivo la stragrande maggioranza delle informazioni che giungono all'orecchio deve essere scartata per lasciar posto a quelle pochissime che sono importanti per tutti o per quel dato individuo.

Questa scelta così difficile e complessa (molte volte addirittura le decisioni scaturite da un'informazione uditiva sono così veloci che neanche ce ne rendiamo subito conto) è possibile grazie all'apparato uditivo, che svolge un lavoro pari a quello di un potentissimo computer.

L'uso che facciamo delle informazioni uditive pervenute all'orecchio è molto diversificato. Come abbiamo visto, la maggioranza delle informazioni cade ed è scartata. Molte producono conseguenze automatiche e inconsce (per esempio i riflessi muscolari); altre vengono semplicemente memorizzate (molto poche: solo qualche unità al secondo); altre ancora determinano complesse conseguenze coscienti (ragionamento, strategie reattive, soluzioni di problemi o anche la semplice conversazione). Possiamo dire che le informazioni uditive servono a due grandi finalità (collegate fra loro):
– conoscenza del mondo;
– scambio di informazioni con gli altri o comunicazione.

Schindler già negli anni Settanta aveva individuato un certo numero di parametri, partendo dal presupposto che il processo di categorizzazione, analisi e classificazione degli input sonori e il loro confronto con quelli già conosciuti presenti in memoria avvenisse in base a criteri percettivi universali e ad altri criteri caratterizzanti la percezione uditiva:
– coordinazione uditivo-motoria: parametro elementare e precoce per cui alla percezione di uno stimolo uditivo corrispondono l'attuazione di uno schema motorio e la regolazione di un movimento;

- separazione figura-sfondo: concentrazione dell'attenzione in modo preminente sullo stimolo che interessa in un determinato istante rispetto a tutti gli altri presenti, che costituiscono lo sfondo e tendono a essere eliminati;
- costanza timbrica o della forma: consente di cogliere in ogni fatto sonoro gli elementi essenziali e caratterizzanti (*distinctive features*), tralasciando quelli non essenziali;
- separazione silenzio-sonorità: permette di rilevare la durata e i ritmi ed è alla base dell'abilità di detezione;
- separazione impulsivo-continuo;
- separazione suono-rumore;
- dinamica di altezza o melodica o di intonazione: serve per giudicare l'andamento della frequenza nel tempo in una sequenza di suoni acuti e gravi, e quindi la melodia;
- dinamica di intensità o prosodica o di accento: coglie le variazioni nel tempo dei rapporti d'intensità di sonorità successive;
- separazione tra sonorità continue e sonorità continue regolarmente interrotte.

I primi tre parametri (coordinazione uditivo-motoria, separazione figura-sfondo, costanza timbrica) sono considerati parametri percettivi universali poiché sono comuni a tutte le altre percezioni, mentre le categorie successive sono proprie e specifiche della percezione uditiva. È possibile porre in relazione i diversi parametri percettivi con le classi fonetiche di cui rendono possibile l'individuazione: la costanza timbrica è relativa alla distinzione tra le vocali e tra le fricative; la separazione silenzio-sonorità permette la distinzione tra fonemi afoni e sonori; la separazione impulsivo-continuo è responsabile della distinzione tra occlusive e fricative; la separazione suono-rumore consente la distinzione tra vocali e consonanti; la dinamica di altezza permette di cogliere le intonazioni affermative, esclamative e interrogative; la dinamica d'intensità è coinvolta nella distinzione di parole con accento diverso; la separazione tra sonorità continue e continue regolarmente interrotte riguarda la distinzione tra i fonemi dell'italiano /l/ e /r/.

Questa elaborazione delle informazioni sonore lungo la via uditiva centrale è stata codificata per ciò che riguarda i bambini sordi e il loro recupero attraverso modalità di complessità crescente, di seguito enunciate.

Coscienza dei fenomeni sonori

Coscienza dei fenomeni sonori (*awareness uditiva*) è il primo elemento da sviluppare. Il bambino sordo, a causa del deficit uditivo, analizza il mondo circostante quasi esclusivamente con altri ingressi sensoriali. Questa fase, molto delicata, è strettamente correlata con lo sviluppo degli aspetti pragmatici.

Il principio che deve portare il bambino a prendere coscienza dei fenomeni acustici è l'esperienza condivisa che, attraverso la proposta di attività ludiche, permette di stabilire una turnazione comunicativa e allo stesso tempo di mostrare rumori e suoni di vario genere.

Tale fase coincide con i primi momenti dopo l'attivazione dell'impianto cocleare e le osservazioni di particolari reazioni del bambino da parte del logopedista possono costituire un contributo importante per perfezionare le impostazioni del mappaggio, in modo da garantire sempre migliori condizioni di udibilità.

Di estrema importanza è inoltre la collaborazione della famiglia: uno dei genitori dovrebbe essere presente durante i momenti di rieducazione per osservare le modalità di presentazione dei giochi uditivi e riproporli anche a casa. Infatti è molto arricchente per il bambino "scoprire", insieme alla famiglia, il mondo sonoro in cui è immerso quotidianamente.

Detezione

Ovvero la percezione della sonorità rispetto alla sua mancanza. L'allenamento dovrà iniziare dalla detezione di suoni e rumori ambientali e, successivamente, si potrà passare alla detezione di suoni linguistici (vocali, sillabe...) stimolando il bambino su diversi parametri: per esempio forte/piano, acuto/grave.

Tutti gli stimoli devono essere presentati solo uditivamente, in quanto il bambino deve fare affidamento unicamente alle proprie abilità percettive e uditive, in modo da sviluppare un'attenzione uditiva selettiva. È importante che il bambino non sia solo uditore, ma anche produttore, alternando il compito con il logopedista, in modo da verificare la risposta dell'uditore, venire a conoscenza dell'esistenza di turni e imparare a rispettarne l'alternanza.

Discriminazione

Il principio di base per l'allenamento di questo parametro percettivo è l'apprendimento per contrasti: si mette il bambino nelle posizione di dover scegliere fra due alternative. Il logopedista produce uno dei due suoni e il bambino deve individuare quale è stato presentato, oppure il logopedista può produrre due sonorità e richiedere di stabilirne l'uguaglianza o la diversità. Premessa importante di questo tipo di attività è che il bambino conosca il suono associato a ciascuna immagine: si deve quindi prevedere una piccola fase di addestramento.

Anche in questo caso gli stimoli devono essere presentati solo uditivamente; bisognerebbe prevedere un'alternanza tra logopedista e bambino nell'eseguire gli stimoli e l'esecuzione delle attività dovrebbe essere svolta anche a casa e a scuola.

Inizialmente verranno utilizzati come stimoli sonorità non linguistiche e, successivamente, suoni linguistici. Inoltre, il compito proposto dovrà essere dapprima semplice e poi, progressivamente più complesso; pertanto, dapprima si proporranno due sonorità familiari e molto diverse, per poi introdurre i vari parametri percettivi (acuto/grave, forte/piano...).

Relativamente ai suoni linguistici, si inizia con la discriminazione di vocali, procedendo poi con coppie di parole di diversa lunghezza sillabica, per giungere a parole di uguale lunghezza, anche con contenuto fonemico simile; successivamente verranno utilizzate coppie minime e, già a partire dai 4 anni d'età, sarà possibile inserire compiti di discriminazione di frasi sempre più complessi, fino a giungere alla discriminazione di frasi della stessa lunghezza differenti per un solo elemento.

Identificazione

Si richiede al bambino di indicare l'immagine (o altra rappresentazione) corrispondente al suono presentato scegliendo tra un gruppo di 4-5 opzioni possibili.

Valgono gli stessi principi e le stesse modalità esposte per il compito di discriminazione; tuttavia, si può utilizzare come fattore di maggiore complessità, l'aumento del numero di possibilità di scelta (fino a sei-otto elementi).

Riconoscimento

Il bambino deve ripetere lo stimolo proposto, riconoscendolo in set aperto, senza avere più la possibilità di scelta tra un gruppo di opzioni ristretto. Tale compito è, senza dubbio, più complesso dei precedenti, ma si avvicina maggiormente alle situazioni di vita quotidiana. Come nei casi precedenti, l'allenamento dovrà partire da stimoli relativamente brevi e ben conosciuti per passare, successivamente, a stimoli di maggior durata, frasi o sillabe isolate.

Di un livello di evoluzione ancora più sofisticato è la capacità di sostenere una conversazione, alternando i compiti di riconoscimento/comprensione e produzione e rispettando l'alternanza dei turni comunicativi e le regole linguistiche e pragmatiche.

Inoltre, nel momento in cui viene impostato il lavoro di percezione dei suoni linguistici e quello di fonetica articolatoria, si dovrebbero proporre attività di labiolettura e *speech tracking*.

L'allenamento della labiolettura permette al bambino di apprendere ad associare i suoni dei fonemi all'aspetto che gli organi articolatori assumono per la loro realizzazione; l'attività di speech tracking, invece, accelera molto le relazioni tra percezione e articolazione e stimola il bambino nella segmentazione di una parola dall'altra all'interno di una stringa.

Sia nello speech tracking che nella lettura labiale, ovviamente, il bambino dovrà essere allenato non solo tramite la modalità uditiva di presentazione degli stimoli, ma con modalità uditiva e visiva combinate, in modo da sviluppare le potenzialità in entrambe le attività per poterle sfruttare al meglio.

Scelta del materiale verbale: fonti e criteri di selezione

L'allenamento della percezione uditiva nel bambino sordo prelinguale deve essere finalizzato non solo alla conoscenza e alla coscienza dell'ambiente circostante e dei fenomeni acustici ambientali, ma in definitiva alla percezione dei suoni linguistici, punto di partenza imprescindibile per l'accesso alla lingua orale e al suo sviluppo fonetico-fonologico, semantico-lessicale e morfo-sintattico.

Tenendo in considerazione questa premessa, nella raccolta di proposte operative sono state inserite attività che allenassero i parametri percettivi ai diversi livelli di sviluppo percettivo sia con sonorità non linguistiche (cioè fenomeni acustici ambientali e strumentali di vario genere), sia con sonorità linguistiche (vocali, sillabe, parole, frasi).

Esiste al proposito una questione di non poca rilevanza: la necessità di disporre di un consistente materiale verbale che sia sufficientemente ampio per consentire lo svolgimento delle attività di training con una buona varietà di stimoli evitandone l'eccessiva ripetitività e, d'altro canto, che sia adatto all'utilizzo routinario.

I principi a cui ci si è attenuti sono stati fondamentalmente tre:
1. appartenenza delle parole scelte al bagaglio di vocabolario medio posseduto da un bambino di circa tre anni;
2. esclusione di quelle utilizzate nel materiale testistico impiegato nella valutazione della percezione uditiva;
3. rappresentabilità grafica di tutte le parole scelte.

Parole appartenenti al bagaglio medio del bambino di tre anni

Le attività di allenamento della percezione verbale non possono essere *pure,* ma dovrebbero comunque essere influenzate il meno possibile da fattori estranei alle abilità uditive. Qualche esempio: la comprensione è un compito diverso dalla percezione, ma è inevitabile che la conoscenza di un lessema e la sua presenza nel bagaglio lessicale sia un elemento che ne facilita l'identificazione. Viceversa, se la parola proposta non rientra nel bagaglio semantico-lessicale del bambino, la sua percezione potrà essere più difficile specie se è protesizzato o limitata alla ripetizione della stringa fonetica che la compone senza legarla alla comprensione se impiantato; diversa è la situazione dello speech tracking, dove questa componente non è messa in gioco trattandosi di uno sforzo di tipo quasi solo percettivo uditivo.

Si vuole sottolineare che il fattore vocabolario influenza il compito di percezione verbale ed è un elemento da tenere in considerazione nell'analisi dei risultati.

Per soddisfare il primo criterio è stato così indispensabile individuare fonti attendibili di riferimento relative al vocabolario infantile da cui poter attingere i vari termini: *Il primo vocabolario del bambino* (Caselli e Casadio, 1995) costituisce un punto di riferimento ampiamente condiviso e riconosciuto a livello italiano, i vocaboli sono stati scelti all'interno di quelli inclusi nella lista delle parole presenti in produzione tra 18 e 30 mesi (essendo prodotte, a maggior ragione certamente dovranno essere anche comprese). La stessa lista è servita anche per l'individuazione delle voci verbali da utilizzare come predicati per la costruzione delle frasi nelle attività in cui ciò è previsto.

Un'altra fonte è uno studio del 2002, di Burani, Barca e Arduino, riferito alle variabili lessicali e sub-lessicali di 626 nomi dell'italiano, rispetto ai quali considera gli indici relativi a diverse variabili lessicali: l'età di acquisizione delle parole, la familiarità, l'immaginabilità, la concretezza, la frequenza nello scritto, adulto e infantile, e nel parlato, il numero di vicini ortografici, la lunghezza in sillabe e in lettere, una classificazione del fonema iniziale delle parole e il tempo medio di lettura di ciascuna parola. Per le variabili della concretezza (intesa come proprietà di una parola di riferirsi a oggetti, esseri viventi, azioni e materiali che possono essere esperiti attraverso i sensi), dell'immaginabilità (definita come la facilità e rapidità di una parola a evocare un'immagine mentale, una rappresentazione visiva, un suono o altre esperienze sensoriali), della familiarità (una misura di frequenza soggettiva che valuta quanto una parola è presente nella vita di una persona) e dell'età di acquisizione (intesa come l'età alla quale una parola e il suo significato sono stati appresi per la prima volta) sono riportati i valori medi e le rispettive deviazioni standard. Tra questi ultimi quattro parametri, quelli effettivamente significativi ai fini della scelta del materiale verbale, si è considerata come determinante l'età di acquisizione, selezionando le parole presenti a circa tre anni.

Come terza fonte è stato adottato il DIB – Dizionario dell'Italiano di Base (De Mauro, 2000), che costituisce una strutturazione del lessico italiano secondo fasce definite statisticamente in base alla maggiore o minore frequenza d'uso. Il DIB "vuole offrirsi come strumento utile a un apprendimento consolidato, progressivo e dinamico di nuclei sempre più estesi del vocabolario della nostra lingua". Tra le quasi settemila voci sono stati presi in considerazione i vocaboli di massima frequenza (cioè i "fondamentali", che da soli coprono il 95% di ciò che diciamo e scriviamo), i vocaboli di "alto uso" (che appaiono con grande frequenza negli scritti e nel parlato) e i vocaboli di "alta disponibilità" (detti e scritti meno spesso, ma a tutti noti e presenti, perché si riferiscono a realtà quotidiane e a nozioni basilari).

Le tre fonti descritte sono state sfogliate parallelamente, e dalla loro consultazione e analisi è risultata una prima lista di parole molto ampia, che è stata poi gradualmente ridotta in seguito all'applicazione dei criteri di selezione successivi.

Esclusione di lessemi utilizzati nei test

Nei test di percezione uditiva che utilizzano parole come stimoli, è prevista una familiarizzazione con gli item, che non inficia l'attendibilità del test stesso poiché l'individuazione dello stimolo, nonostante la familiarizzazione, avviene esclusivamente con un'analisi delle sue caratteristiche acustiche, indipendentemente dalla conoscenza a priori. La situazione cambia, però, se il bambino non è sottoposto a una semplice fase di familiarizzazione, ma a un preciso allenamento, volto a raggiungere gli obiettivi misurati dalla prova, utilizzando come stimoli gli stessi vocaboli.

Rappresentabilità grafica delle parole

La possibilità di rappresentare graficamente le parole è stata posta come criterio di selezione poiché, nell'esecuzione delle attività che prevedono l'utilizzo di materiale verbale, è necessario disporre delle immagini corrispondenti alle parole presentate come stimolo e a quelle proposte come alternative di scelta.

Sono state pertanto scartate dalla lista finora elaborata tutte le parole non rappresentabili con un'immagine (per esempio, quelle astratte), e anche tutte quelle la cui rappresentazione grafica sarebbe stata realizzabile ma poco chiara, di difficile interpretazione o fuorviante (inducendo il bambino a commettere un errore nel compito percettivo non dovuto all'aspetto uditivo).

Le caratteristiche del materiale figurativo saranno trattate e descritte più ampiamente in una sezione specifica in seguito.

Si è così giunti alla creazione di una raccolta di vocaboli bisillabici, trisillabici e quadrisillabici appartenenti al patrimonio linguistico infantile, non utilizzati durante la valutazione formale e rappresentabili graficamente. Non è stato previsto un ulteriore vincolo relativo a una costituzione fonetica omogenea delle parole. Tale parametro è apparso di minor importanza, poiché l'obiettivo che gli esercizi si pongono non è la misura dell'intelligibilità verbale delle varie parole, ma il potenziamento delle abilità percettive e di decodificazione del messaggio linguistico in base a caratteristiche e parametri diversi, come la durata e il pattern verbale. A maggior ragione, con i bambini portatori di impianto cocleare non si pone, come per i portatori di protesi acustica tradizionale, il problema dell'impossibilità di cogliere alcune formanti di fonemi a causa del guadagno protesico non omogeneo e su alcune frequenze insufficiente per consentire la percezione di tali fonemi. La curva di soglia che solitamente si osserva in seguito all'attivazione dell'impianto è, infatti, una pantonale collocata intorno ai 30-35 dBHL.

Il bilanciamento fonetico delle parole non ha rappresentato quindi un elemento decisionale per la scelta o l'esclusione di alcune parole rispetto ad altre, anzi il pattern fonetico (e dunque proprio la variabile del contenuto fonetico) costituisce, insieme alla durata, un fattore fondamentale che il bambino deve imparare a cogliere e sfruttare nella percezione delle parole.

Il materiale è stato analizzato e adeguatamente ordinato e strutturato, per organizzarlo in modo funzionale agli obiettivi degli esercizi ai vari livelli; alcune liste abbinando tra loro le parole con determinate caratteristiche di lunghezza e di struttura spettrale, suddividendo e raggruppando i vocaboli di volta in volta in base ai target delle diverse attività ai vari livelli:
- elenco generale di tutte le parole selezionate;
- elenchi separati delle parole bisillabiche, trisillabiche, quadrisillabiche e con più di quattro sillabe, per l'allenamento della discriminazione e identificazione di parole di diversa lunghezza sillabica;
- liste con abbinamenti di parole bisillabiche, trisillabiche, quadrisillabiche e di cinque sillabe ad alta differenziazione spettrale, per le attività di allenamento

della discriminazione e identificazione di parole di uguale durata sillabica a bassa difficoltà;
- liste con abbinamenti di parole bisillabiche, trisillabiche e quadrisillabiche a bassa differenziazione spettrale ("parole simili", facilmente confondibili per le caratteristiche di pattern verbale e struttura fonetica), per le attività di allenamento della discriminazione e identificazione di parole di uguale durata sillabica a difficoltà medio-alta;
- lista di coppie minime, per le attività di allenamento della discriminazione e identificazione di parole di uguale durata sillabica con differenziazione spettrale minima, a difficoltà molto elevata;
- lista delle voci verbali, da utilizzare come argomenti nella costruzione delle frasi per tutte le attività di discriminazione e identificazione che lo richiedono. L'elenco è suddiviso in predicati a uno, due e tre argomenti.

Nell'abbinare le parole di uguale lunghezza sillabica ad alta e a bassa differenziazione spettrale per la creazione delle rispettive liste non si è proceduto a un accostamento casuale: esso è stato il frutto dell'individuazione e dell'adozione di alcuni criteri, seguiti durante il passaggio in rassegna di tutte le voci dell'elenco.

Le parole ad alta differenziazione spettrale sono state raggruppate in modo tale che, all'interno dello stesso gruppo formato, non avessero una struttura fonetica simile, nello specifico che la loro componente vocalica e consonantica fosse del tutto o almeno in buona parte diversa.

Per l'accostamento delle parole a bassa differenziazione spettrale non è stato possibile rifarsi a uno o più principi da applicare in modo univoco e validi per tutte le voci: infatti, data la mole e la varietà del materiale verbale raccolto, un parametro valido per alcune parole non sarebbe stato adottabile per altre. Diverso sarebbe stato se questi criteri fossero stati determinanti per la scelta delle parole da includere o meno nella raccolta di materiale verbale; ma a questo proposito, come già precedentemente chiarito, l'elemento fondamentale di selezione è stato innanzitutto l'appartenenza al vocabolario infantile posseduto in media da un bambino di circa tre anni, mentre non sono stati previsti ulteriori vincoli relativi alla loro costituzione fonetica (l'applicazione di entrambe queste limitazioni avrebbe reso estremamente difficoltosa l'individuazione delle parole e ne avrebbe notevolmente ridotto il numero).

Si è dunque proceduto alla creazione delle liste assicurandosi che le parole individuate come simili rispondessero ad almeno due delle seguenti condizioni:
- uguale componente vocalica (con consonanti più o meno simili come tratti distintivi);
- uguale componente consonantica;
- uguale posizione dell'accento;
- uguale struttura di vocale e consonante/i delle sillabe;
- assonanza;

- presenza una o più sillabe uguali, ma disposte in modo diverso all'interno della parola, oppure presenza nella parola di alcuni fonemi uguali, ma in posizione invertita o scambiata.

Questa elaborazione del materiale iniziale è stata pensata al fine di permettere un suo utilizzo rapido e funzionale e una più agevole e veloce preparazione del materiale per le attività. Ciò non significa, comunque, che non sia possibile attuare opzioni differenti e abbinare tra loro le varie parole in modo diverso da quello proposto.

Inoltre, la scelta delle parole da utilizzare deve sempre tenere conto delle effettive conoscenze di vocabolario del bambino: si è voluto creare un corpus molto ampio di vocaboli proprio perché, nonostante essi siano stati scelti in base alla loro presenza nel vocabolario infantile medio per l'età di circa tre anni, non è detto che uno specifico bambino sordo li conosca effettivamente tutti. Oltre alla componente di variabilità individuale valida per ogni bambino, legata alle caratteristiche individuali, ambientali ed esperienziali in senso lato, che rende impossibile stabilire con certezza quali siano le parole che tutti i bambini hanno acquisito a una determinata età, nel caso del sordo prelinguale si deve ricordare che tutte le competenze comunicativo-linguistiche, anche quella semantico-lessicale, risultano più povere e meno sviluppate di quelle di un bambino normoudente.

L'ampiezza del materiale e la vasta possibilità di scelta al suo interno rappresenta in questo senso un aspetto positivo, che lo rende malleabile e adattabile alle esigenze individuali, adeguandosi alle conoscenze lessicali presenti e accompagnando il bambino nella loro espansione e nel loro ampliamento.

Capitolo 3
Programmi riabilitativi della percezione uditiva

Elena Aimar, Irene Vernero, Antonio Schindler

Le attività di allenamento della percezione uditiva

Le esemplificazioni che seguono rappresentano lo spunto per il lavoro quotidiano di allenamento della percezione uditiva con il bambino sordo. Le varie figure che interagiscono educativamente hanno il compito esplicito o implicito di indurre, esercitare, potenziare l'ascolto da parte del bambino in modo che le esperienze che si producono vengano registrate, confrontate, generalizzate e mantenute nel suo bagaglio nonostante il deficit uditivo.

Naturalmente gli stimoli devono essere selezionati e graduati per difficoltà se si vuole raggiungere questo obiettivo: è per questo che, dall'esperienza di questi anni, si è dimostrato utile ordinare per abilità e categorie tutte quelle esperienze sonore e veri e propri esercizi che nella vita con un bambino sordo, a casa, a scuola, in logopedia, possono e devono essere proposti.

Molteplici sono i comportamenti in cui può essere scomposta la percezione uditiva e la suddivisione attualmente considerata rispetto alle sordità infantili è, come esposto nei capitoli precedenti, costituita da:
- detezione, cioè la presenza o meno di una sonorità;
- discriminazione, stabilire se due stimoli sono diversi o uguali;
- identificazione, riconoscere uno stimolo fra un numero ristretto di stimoli possibili;
- riconoscimento, riconoscere uno stimolo in un set aperto, quindi senza l'aiuto di una scelta multipla.

Questi parametri possono essere trattati a diversi livelli di sofisticazione e gli esercizi proposti, nella sezione che segue e nel CD allegato, sono graduati per tipo e difficoltà.

Tutte le schede sono di facile esecuzione rispetto a compiti che vanno dai più semplici, proponibili anche a bambini molto piccoli, a quelli progressivamente più complessi con l'uso di materiale verbale combinato prima in parole e poi in frasi. Tutte le proposte sono presentate sui quattro parametri sopra citati.

Le quattro fasi di lavoro sono: *all'erta, allenamento all'ascolto delle sonorità, allenamento all'ascolto delle parole, allenamento all'ascolto delle frasi.*

All'erta

La fase di all'erta (*awareness*) è il prerequisito essenziale per l'ascolto ed è il primo ambito da sviluppare.

Infatti, in conseguenza al deficit uditivo, il bambino non sa che esistono suoni e rumori, e si serve quasi esclusivamente degli altri sensi (vista, tatto, olfatto, gusto) per esplorare e conoscere l'ambiente che lo circonda.

È molto importante, invece, che il bambino capisca che intorno a lui esiste un mondo di suoni e rumori, e che sia stimolato a esercitare la sua capacità di porsi in ascolto. Una volta raggiunta questa consapevolezza, il passo successivo consiste nel comprendere che azioni diverse portano alla creazione di sonorità differenti: il bambino sarà così in grado di anticipare i suoni e rumori che stanno per essere prodotti, di aspettarseli, prevederli ed esserne preparato.

Il bambino deve essere quotidianamente e costantemente accompagnato e incoraggiato nella scoperta e nell'esplorazione del mondo sonoro in cui è immerso e con il quale entra in contatto nelle esperienze di vita quotidiana: ogni volta che si sente un suono o un rumore nuovo, bisogna mostrare e spiegare al bambino da che cosa è stato prodotto, come e dove, e se possibile fargli sperimentare in prima persona l'azione che causa la sonorità.

In questa fase non ha importanza che la stimolazione coinvolga esclusivamente il canale uditivo, poiché tutti i sensi contribuiscono alla comprensione dei fenomeni acustici ambientali. Fin da questo primo livello è utile incominciare a osservare e stimolare l'abilità di localizzazione sonora, alternando le stimolazioni da entrambe i lati.

Quando il bambino è in grado di prevedere l'arrivo di una sonorità, collegandola spontaneamente alla causa che l'ha prodotta (cioè è in grado di rappresentarsi mentalmente la sonorità), si potrà presentare la sonorità solo come ascolto ed esercitare la capacità di collegare un suono a un certo evento, od oggetto, o azione di vita quotidiana da cui ci si può aspettare quell'effetto sonoro.

Come osservare i progressi

-   Inizialmente, il bambino non pone l'attenzione su ciò che produce la sonorità, non lo guarda, non mostra comportamenti di "attesa" (per esempio fermarsi, interrompere il vocalizzo), non è consapevole dell'imminente comparsa o fine della sonorità e non se la aspetta, non pone l'attenzione sui suoni onomatopeici nel gioco, non è interessato dai rumori nell'attività di esplorazione ambientale e non collega la sonorità alla fonte.
-   In seguito, il bambino comincia a prestare sempre più attenzione ai giocattoli o agli oggetti che producono sonorità e a guardarli, segue con più interesse le azioni, i gesti e la mimica prodotti; compaiono i primi comportamenti di attesa della sonorità; l'attenzione alla sonorità non viene ancora mantenuta per tutta la

durata della produzione, però il bambino pone sempre più spesso l'attenzione sui suoni onomatopeici nel gioco, è più interessato dalle sonorità nell'attività di esplorazione ambientale e si lascia coinvolgere dalle proposte pratiche; non è ancora in grado di collegare sempre con chiarezza la sonorità alla fonte, ma gradualmente si dimostra sempre più abile se la sua attenzione è richiamata su questo compito.

- Infine, il bambino presta sempre attenzione ai giocattoli, agli oggetti ed alle azioni che producono suoni e rumori, mostra comportamenti di attesa delle sonorità, mantiene l'attenzione sul suono, comprende e produce egli stesso una mimica adeguata alla comparsa ed alla fine della sonorità; presta sempre attenzione ai suoni onomatopeici nel gioco, è molto interessato ed attento ai rumori nell'attività di esplorazione ambientale, si lascia coinvolgere con entusiasmo nelle proposte pratiche, dimostra di collegare le sonorità alla loro fonte con consapevolezza e costanza, spontaneamente e con naturalezza, senza bisogno di richiamare la sua attenzione a questo compito.

Salto a ritmo

Allenamento di
- consapevolezza di sonorità in seguito ad azioni e all'uso di oggetti: alla comparsa di uno strumento e in seguito al suo utilizzo ci si deve aspettare una produzione sonora (relazione causa-effetto)
- attenzione condivisa con l'adulto sullo strumento e triangolazione

Materiali
Tamburo e altri strumenti che producano sonorità a intensità sufficiente da essere udite senza difficoltà (per esempio campanaccio, legnetti, grattugia, fischietto).

Setting
- in seduta
- a casa
- individuale
- a piccoli gruppi

Nota: sia a casa sia in seduta è necessaria la presenza di due adulti per condurre l'attività individualmente, oppure di un adulto per ciascun bambino più uno che produce la sonorità per condurre l'attività a piccoli gruppi.

Svolgimento

Il bambino è in braccio al genitore; il logopedista, da una posizione ben visibile, prende il tamburo, lo mostra al bambino e comincia a suonarlo abbastanza forte da produrre un suono ben udibile. Quando c'è il suono, la luce nella stanza è accesa, il logopedista si accompagna con la mimica e l'espressione del volto (per esempio, sorriso, sguardo, espressione divertita…), esortando all'ascolto ("Ascolta! Il tamburo suona!") e intanto il genitore fa dondolare o saltellare il bambino in braccio e si muove nella stanza. Quando il suono è assente, il logopedista posa lo strumento e dice "Non c'è più! Sshht", utilizzando mimica e gesti e guardando alternativamente il bambino e lo strumento; intanto il genitore si ferma e produce mimica e gesti analoghi a quelli del logopedista, e la luce viene spenta.

Difficoltà
1. Produrre lo stimolo sonoro rendendo il bambino consapevole di ciò che l'ha prodotto e come, e quindi di quando aspettarsi la comparsa della sonorità;
2. produrre lo stimolo sonoro solo come ascolto, quando il bambino è in grado di collegare la sonorità alla rappresentazione mentale della causa che la produce;
3. proporre l'attività non più con lo stesso strumento, ma alternando la presentazione di strumenti diversi.

I giochi suonano!

Allenamento di
- consapevolezza di sonorità ambientali in seguito a modificazioni e all'uso di oggetti
- direzione dell'attenzione al suono e attenzione condivisa

Materiali
Giocattoli sonori che il bambino può usare anche a casa (per esempio, radio-giocattolo che riproducono melodie e si illuminano quando vengono schiacciati i tasti).

Setting
- in seduta
- a casa
- individuale
- a piccoli gruppi

Nota: sia a casa sia in seduta è consigliata la presenza di due adulti per condurre l'attività individualmente, oppure di due o più adulti per condurre l'attività a piccoli gruppi.

Svolgimento
Il bambino è seduto in braccio al genitore o vicino a lui. I diversi giocattoli vengono presentati uno alla volta. Il logopedista prende un giocattolo, lo fa vedere bene al bambino, glielo lascia prendere e manipolare. Il giocattolo sonoro può essere azionato dal logopedista oppure dal bambino (casualmente o volontariamente). Al comparire della sonorità, il logopedista e il genitore producono vocalizzi di imitazione e accompagnamento, utilizzando la mimica e i gesti per esprimere sorpresa e divertimento (sorriso, battere le mani a tempo, muovere la testa o le braccia e le mani o tutto il corpo seguendo il ritmo del suono) e cercando di coinvolgere anche il bambino. Quando la sonorità cessa, tutti si fermano, il logopedista dice "Non c'è più!" accompagnandosi con un gesto, si porta il dito davanti alla bocca e fa "Sshht!", guardando alternativamente il bambino e l'oggetto; lo stesso fa il genitore.
Ripetere alcune volte con lo stesso giocattolo, poi lasciare qualche attimo di pausa prima di passare al successivo, scegliendo oggetti interessanti ed evitando che il bambino sia annoiato dall'attività ripetuta con uno stesso oggetto.

Difficoltà
1. Produrre lo stimolo sonoro rendendo il bambino consapevole di ciò che l'ha prodotto e come, e quindi di quando aspettarsi la comparsa della sonorità;
2. produrre lo stimolo sonoro solo come ascolto, quando il bambino è in grado di collegare la sonorità alla rappresentazione mentale della causa che la produce;
3. proporre l'attività non più con lo stesso giocattolo, ma alternando la presentazione di giocattoli diversi.

Quanti suoni in casa!

Allenamento di
- consapevolezza di sonorità ambientali in seguito a modificazioni e all'uso di oggetti
- direzione dell'attenzione al suono e attenzione condivisa

Materiali
Oggetti e strumenti di uso quotidiano in casa che producono sonorità (telefono, radio, televisore, frullatore, aspirapolvere, campanello).

Setting
- a casa   • individuale

Svolgimento
Il genitore richiama l'attenzione del bambino sull'oggetto e sul suo utilizzo. Quando è prodotta la sonorità, ne sottolinea la presenza con esclamazioni, mimica, gesti. Sfruttare ogni spunto disponibile per sviluppare nel bambino la consapevolezza delle sonorità domestiche e degli strumenti e azioni che le generano. Esempi:
- *telefono*: quando squilla il telefono, esclamare "Senti! Il telefono suona! Driiin!", accompagnandosi con mimica e gesti (per esempio, portarsi il dito all'orecchio), far percepire al bambino anche la vibrazione dell'apparecchio. Poi, prendendo il ricevitore per rispondere, guardare il bambino, dire "Guarda, adesso rispondo!", facendo vedere bene al bambino il gesto. Quando la sonorità cessa, dire "Non c'è più! Sshht!", utilizzando anche mimica e gesti (per esempio, portarsi il dito alla bocca);
- *radio/televisore*: quando l'apparecchio è acceso, portarvi l'attenzione del bambino e far notare che vengono prodotte sonorità (per esempio, dire: "Senti, parlano!/Senti, la musica!/Senti che rumore!, accompagnandosi con mimica e gesti). Poi, premere il tasto di spegnimento, richiamando l'attenzione del bambino sul gesto compiuto; esortare all'ascolto portandosi il dito all'orecchio e dire "Attento, ora spengo!". Quando l'apparecchio è stato spento, sottolineare l'assenza della sonorità con esclamazioni ("Sshht! Non c'è più!"), mimica e gesti. Giocare con il bambino ad accendere e spegnere l'apparecchio, facendolo anche agire in prima persona;
- *campanello*: quando suona il campanello, richiamare l'attenzione del bambino sulla sonorità, dicendo "Hai sentito?Qualcuno ha suonato! Chi è?", accompagnandosi con mimica e gesti (per esempio, portarsi il dito all'orecchio). Insieme al bambino, andare a vedere chi ha suonato, aprire la porta. Far provare anche al bambino a suonare il campanello per rendersi conto della sonorità che produce;
- *elettrodomestici vari, porta che sbatte, stoviglie che cadono, sciacquone…* modalità analoghe a quelle delle proposte precedenti.

Difficoltà
1. Produrre lo stimolo sonoro rendendo il bambino consapevole di ciò che l'ha prodotto e come, e quindi di quando aspettarsi la comparsa della sonorità;
2. produrre lo stimolo sonoro solo come ascolto, quando il bambino è in grado di collegare la sonorità alla rappresentazione mentale della causa che la produce;
3. proporre l'attività non più solo con lo stesso oggetto, ma con oggetti diversi.

Quanti suoni fuori casa!

Allenamento di
- scoperta delle sonorità prodotte fuori dall'ambiente domestico in seguito a modificazioni e azioni e all'uso di mezzi
- direzione dell'attenzione al suono e attenzione condivisa

Materiali
Modellini giocattolo di macchinine, autobus, trenini, aeroplanini (facoltativo: registrazioni audio delle sonorità corrispondenti).

Setting
- in seduta   • individuale
- a casa

Nota: l'attività va introdotta in seduta dal logopedista con i genitori, che a casa dovranno riprenderla e guidare il bambino all'ascolto.

Svolgimento

In seduta: il logopedista e i genitori giocano insieme al bambino con le macchinine, il trenino, l'aeroplanino, producendo molti suoni onomatopeici corrispondenti ai vari giocattoli. Per esempio, mentre si fa avanzare la macchinina o l'autobus dire "Brumm, brumm!", oppure "Piitt!" per il clacson, se si sta giocando al treno che arriva alla stazione dire "Ciuuff ciuuff!". Eventualmente, associare anche la presentazione della registrazione corrispondente. Cercare di coinvolgere il più possibile il bambino nel gioco e portare la sua attenzione sui suoni onomatopeici prodotti.

A casa: i genitori ripropongono l'attività presentata in seduta e guidano il bambino nell'esplorazione del mondo urbano, nel quale sono prodotte dal vivo le sonorità introdotte nel gioco. Per esempio:
- quando passa un autobus i genitori lo indicano, fanno notare il rumore prodotto esclamando "Guarda! L'autobus! Fa bruum bruum!", e se possibile percorrono un tragitto sull'autobus con il bambino;
- quando passa un'automobile per strada i genitori la indicano ed esclamano: "Guarda! La macchina! Fa bruum bruum!", poi a casa accendono la propria auto e ne fanno sentire il rumore al bambino.

Difficoltà
1. Fornire lo stimolo sonoro rendendo il bambino consapevole di ciò che l'ha prodotto e come, e quindi di quando aspettarsi la comparsa della sonorità;
2. fornire lo stimolo sonoro solo come ascolto, quando il bambino è in grado di collegare la sonorità alla rappresentazione mentale della causa che la produce;
3. proporre l'attività non più solo con la stessa sonorità o lo stesso mezzo, ma con sonorità e mezzi diversi.

Il gioco della fattoria

Allenamento di
* scoperta delle sonorità prodotte fuori dall'ambiente domestico (suoni della natura)
* direzione dell'attenzione al suono e attenzione condivisa

Materiali
Animali giocattolo di plastica, per esempio cane, gatto, cavallo, mucca, gallo/gallina (facoltativo: registrazioni audio del verso dei diversi animali presentati, oppure giochi sonori che producano tali versi).

Setting
* in seduta   • individuale
* a casa

Nota: l'attività va introdotta in seduta dal logopedista con i genitori, che a casa dovranno riprenderla e guidare il bambino all'ascolto.

Svolgimento

In seduta: il logopedista e i genitori giocano insieme al bambino con gli animali giocattolo ("il gioco della fattoria"), producendo suoni onomatopeici corrispondenti ai versi dei vari animali. Per esempio, per il gatto fare "Miao! Miao! Senti il gatto!", per il cane "Bau! Bau! Senti come abbaia il cane! Attento, non farti mordere!", ecc.

A casa: i genitori ripropongono l'attività presentata in seduta e guidano il bambino nell'esplorazione dell'ambiente naturale nel quale sono prodotte dal vivo le sonorità introdotte nel gioco. Per esempio:
* al parco, quando si vede un cane, richiamare l'attenzione sul verso che fa, far avvicinare il bambino e se possibile fargli accarezzare il cane;
* organizzare una gita in cascina e far vedere dal vero al bambino i vari animali della fattoria (mucca, gallina, cavallo), richiamando la sua attenzione soprattutto sul verso che producono.

Difficoltà
1. Fornire lo stimolo sonoro rendendo il bambino consapevole di ciò che l'ha prodotto e come, e quindi di quando aspettarsi la comparsa della sonorità;
2. fornire lo stimolo sonoro solo come ascolto, quando il bambino è in grado di collegare la sonorità alla rappresentazione mentale della causa che la produce;
3. proporre l'attività non più solo con la stessa sonorità o lo stesso mezzo, ma con sonorità e mezzi diversi.

L'allenamento all'ascolto delle sonorità

È bene che il lavoro di allenamento all'ascolto incominci con suoni e rumori ambientali. Dopo aver lavorato su un buon numero di queste sonorità, si procederà con i primi suoni linguistici: inizialmente con le vocali, poi con le sillabe.

Detezione

È la fase immediatamente successiva a quella di "all'erta".
Consiste nella capacità di distinguere se una sonorità è presente o assente (c'è – non c'è). Non viene richiesto al bambino di individuare quale sonorità è stata prodotta, o da che cosa, ma soltanto che c'è stata una qualche sonorità.
Le sonorità devono essere presentate solo uditivamente, fatta eccezione per il momento di approccio iniziale in cui può essere utile il supporto visivo ed eventualmente tattile come facilitazione. Il bambino deve infatti ricorrere esclusivamente al canale uditivo e indirizzare a esso tutte le sue capacità attentive, senza fare affidamento sugli altri sensi, che passano in secondo piano. Vengono così potenziati anche lo sviluppo dell'attenzione all'ascolto e le capacità di predizione della sonorità.
Per iniziare, è meglio proporre stimoli forti e prolungati, perché la permanenza di una sonorità ne favorisce la percezione: così il compito è più facile. Quando il bambino ottiene buoni risultati, si può rendere il compito più difficile: riducendo il volume, accorciando la durata, allontanandosi dal bambino, fornendo lo stimolo quando è un po' distratto o quando c'è un rumore di fondo.

Localizzazione della sorgente sonora

È una fase parallela a quella di "detezione".
Consiste nella capacità di individuare la direzione da cui proviene la sonorità prodotta. Viene richiesto al bambino di individuare non solo che è stata prodotta una sonorità, ma anche la sua provenienza. Consente di orientare le proprie reazioni e risposte sulla base di quanto percepito.
Le sonorità devono essere presentate solo uditivamente, fatta eccezione per il momento di approccio iniziale in cui può essere utile il supporto visivo come facilitazione. Il bambino deve infatti imparare a orientarsi nell'ambiente circostante sfruttando il canale uditivo.
È importante fin dall'inizio esercitare entrambi i lati, alternando le stimolazioni presentate. Per iniziare, è meglio proporre stimoli forti e prolungati, perché la permanenza di una sonorità ne favorisce la percezione: così il compito è più facile. Quando il bambino ottiene buoni risultati, si può rendere il compito più difficile: riducendo il volume, accorciando la durata, allontanandosi dal bambino, fornendo lo stimolo quando è un po' distratto o quando c'è un rumore di fondo.

Discriminazione

È la fase successiva a quella di "detezione".

Consiste nella capacità di distinguere un suono da un altro (uguale – diverso) tra due possibili alternative. Si può procedere in due modi: o si produce una delle due sonorità e si chiede di individuare quale delle due sonorità della coppia è stata presentata, oppure si producono due sonorità e si richiede di stabilire se esse erano uguali o diverse. Per essere in grado di svolgere l'attività, il bambino deve conoscere le sonorità e saperle associare alle eventuali immagini od oggetti utilizzati, quindi è importante prevedere come premessa una breve fase di addestramento al compito e familiarizzazione con gli stimoli che saranno proposti. All'inizio, si possono usare le sonorità già conosciute nel lavoro sulla detezione.

Le sonorità devono essere presentate solo uditivamente, fatta eccezione per il momento di approccio iniziale in cui può essere utile il supporto visivo ed eventualmente tattile come facilitazione.

Per iniziare, è meglio proporre due sonorità molto diverse. Quando il bambino ottiene buoni risultati, si può rendere il compito più difficile: riducendo progressivamente la differenza tra le due scelte possibili, attenuando il volume, accorciando la durata, introducendo un rumore di fondo.

Identificazione

È la fase successiva a quella di "discriminazione".

Consiste nella capacità di individuare uno stimolo all'interno di un gruppo limitato (almeno tre) di scelte possibili (set chiuso).

Nella pratica, si richiede al bambino di individuare l'immagine (o altra rappresentazione) corrispondente allo stimolo presentato all'interno di un gruppo di opzioni possibili.

Valgono gli stessi principi e le stesse indicazioni relative al compito di "discriminazione", di cui l'"identificazione" rappresenta un aumento di difficoltà.

Per iniziare, è meglio porre la scelta fra tre sonorità molto diverse tra loro. Quando il bambino ottiene buoni risultati, si può rendere il compito più difficile: aumentando il numero delle possibilità di scelta (passare da tre a quattro, fino a sei-otto), riducendo progressivamente la differenza tra le scelte possibili, attenuando il volume, accorciando la durata, introducendo un rumore di fondo.

Riconoscimento

È la fase successiva a quella di "identificazione".

Consiste nella capacità di cogliere gli elementi che caratterizzano uno stimolo e di individuarlo in un set aperto, cioè senza la facilitazione di una scelta limitata a un numero chiuso di possibilità.

Il bambino deve ripetere lo stimolo proposto, riconoscendolo tra infinite possibilità di scelta. In teoria, il bambino può riconoscere una sonorità anche senza comprenderne il significato, ma in pratica è assai difficile separare il riconoscimento percettivo dello stimolo dalla sua comprensione e dal collegamento a un significato. Questo livello è decisamente più complesso dei precedenti, ma si avvicina maggiormente alle situazioni effettive sperimentate nella vita quotidiana.

Per iniziare, è meglio richiedere il compito di riconoscimento in condizioni più facili: in un ambiente silenzioso, con sonorità molto familiari e durante lo svolgimento di attività poco impegnative. Si può rendere il compito più difficile richiedendo il riconoscimento durante lo svolgimento di attività più impegnative, presentando sonorità conosciute ma meno consuete e introducendo un rumore di fondo.

Nell'allenamento delle fasi di discriminazione e di identificazione, ecco quali sono le principali caratteristiche dei suoni per le quali il bambino deve imparare a individuare le differenze:
- durata: sonorità lunga o breve/sonorità lunga, o di media durata, o breve;
- intensità: sonorità forte o piano/sonorità forte, o di media intensità, o piano;
- frequenza: sonorità acuta o grave/sonorità acuta, o di media frequenza, o grave;
- timbro: sonorità prodotta da due o più fonti di natura diversa.

In ogni fase, ci sono ulteriori abilità uditive che vengono sempre stimolate:
- separazione silenzio-sonorità: l'abilità di accorgersi quando la sonorità compare rispetto a quando non è presente;
- separazione figura-sfondo: l'abilità di separare la sonorità che interessa dalle altre sonorità distraenti presenti nell'ambiente come sottofondo, senza confonderla con esse;
- coordinazione uditivo-motoria: l'abilità di coordinare la percezione uditiva di uno stimolo a un'azione prodotta come risposta in conseguenza alla sonorità.

In ogni fase è importante che il bambino, quando è abbastanza abile, oltre a essere uditore, assuma a sua volta il ruolo di produttore, alternando i compiti con il logopedista (o con l'adulto). In questo modo, egli potrà:
- sviluppare le stesse abilità anche nella produzione delle sonorità, assumendone maggiore consapevolezza e padronanza;

– compiere la verifica della risposta dell'uditore (che potrà essere corretta oppure no), riflettendo così su che cosa voleva produrre e che cosa ha effettivamente prodotto;
– constatare l'esistenza di turni e imparare a rispettarne l'alternanza.

Come osservare i progressi

Inizialmente il bambino deve imparare a individuare la presenza di una sonorità (detezione) in condizioni facilitanti e non; solo quando sarà in grado di svolgere adeguatamente questo compito si potrà procedere con l'allenamento delle abilità di discriminazione, poi di identificazione e infine di riconoscimento, rispettando per ciascuna di tali fasi la progressione di difficoltà precedentemente descritta.

Ascolta e metti

Allenamento di
- Detezione
- Localizzazione della sorgente sonora

- Discriminazione
- Identificazione

Differenze:
- durata (lungo/medio/breve)
- intensità (forte/medio/piano)
- frequenza (acuto medio/grave)
- timbro

Materiali
Tamburo, campanaccio, legnetti, grattugia, fischietto, flauto e/o altri strumenti (per l'obiettivo della localizzazione della sorgente sonora è necessario averne due uguali); uno/due/tre o più scatole o piccoli cesti (possibilmente di dimensioni o colori diversi) in cui mettere palline o pezzi di costruzioni.

Setting
- in seduta
- a casa
- a scuola

- individuale
- a piccoli gruppi

Nota: per l'obiettivo della localizzazione della sorgente sonora è preferibile il setting individuale, con la presenza di due adulti per condurre l'esercizio. Per gli obiettivi della discriminazione e dell'identificazione, se il setting è di gruppo, si può decidere di dare a ciascun bambino le scatole e le palline, oppure di dividere i bambini in due squadre.

Svolgimento

Detezione: il logopedista posiziona una scatola (o cesto) davanti al bambino, poi sceglie uno strumento (o lo fa scegliere dal bambino stesso). Ogni volta che viene prodotta la sonorità, il bambino deve mettere una pallina o un pezzo di costruzione nella scatola (o nel cesto).

Localizzazione della sorgente sonora: il logopedista sceglie due strumenti uguali tra loro (o li fa scegliere dal bambino stesso). Si posizionano due scatole (o cesti), uno alla destra e uno alla sinistra del bambino. I due adulti, con gli strumenti, si posizionano uno a destra e uno a sinistra del bambino. Ogni volta che viene prodotta la sonorità a destra, il bambino deve mettere una pallina o un pezzo di costruzione nella scatola (o nel cesto) di destra, e viceversa.

Discriminazione: il logopedista sceglie, o fa scegliere dal bambino stesso, uno strumento (che consenta, a seconda del parametro che si intende esercitare, di produrre sonorità di diversa intensità, frequenza, durata, oppure due strumenti per avere un timbro diverso); poi posiziona due scatole (o cesti) sul tavolo davanti al bambino. Il bambino deve mettere una pallina o un pezzo di costruzione in una scatola (o cesto) o nell'altra, secondo quanto indicato precedentemente dal logopedista, a seconda delle caratteristiche dello stimolo (per esempio, se lo stimolo presentato è forte, egli deve mettere una pallina nella scatola più grande, mentre se lo stimolo è presentato piano deve mettere una pallina nella scatola più piccola).

Identificazione: il logopedista sceglie, o fa scegliere dal bambino stesso, uno strumento (che consenta, a seconda del parametro che si intende esercitare, di produrre sonorità di tre diverse intensità; frequenze, durate, oppure tre o più strumenti per avere timbri diversi); poi posiziona tre scatole o cesti (oppure tante scatole o cesti quanti sono le possibilità di stimolazione previste) sul tavolo davanti al bambino. Il bambino deve mettere una pallina o un pezzo di costruzione in una scatola (o cesto) o in un'altra, secondo quanto indicato precedentemente dal logopedista, a seconda delle caratteristiche dello stimolo (ad esempio, se lo stimolo presentato è forte, egli deve mettere una pallina nella scatola più grande, se è di intensità media deve metterla nella scatola di media grandezza, mentre se è presentato piano deve metterla nella scatola più piccola).

Difficoltà

1. Come prova, produrre per qualche volta lo stimolo sonoro in modo visibile al bambino: la facilitazione visiva serve per abituarlo al compito e per verificare se ha compreso correttamente la consegna;
2. rendere lo stimolo presentato non visibile: suonare lo strumento alle spalle del bambino, o in una posizione dalla quale non si è visibili;
3. ridurre l'intensità degli stimoli, e/o accorciarne la durata (con gli strumenti che lo permettono) e/o introdurre una sonorità di fondo (fruscio, radio a basso volume, musica a basso volume, brusio registrato…);
4. condurre l'attività proponendo non più sonorità strumentali, ma stimoli sonori vocali (con vocali o sillabe).

Nota: si potrà proporre la medesima attività anche in produzione, facendo suonare lo strumento al bambino stesso (o facendogli produrre lo stimolo vocale) e facendo svolgere il compito all'adulto o a un altro bambino.

Pronto... muovi!

Allenamento di
* Detezione
* Localizzazione della sorgente sonora

* Discriminazione   Differenze:
* Identificazione   – durata (lungo/medio/breve)
                       – intensità (forte/medio/piano)
                       – frequenza (acuto/medio/grave)
                       – timbro

Materiali
Tamburo, campanaccio, legnetti, grattugia, fischietto, flauto e/o altri strumenti (per l'obiettivo della localizzazione della sorgente sonora è necessario averne due uguali).

Setting
* in seduta   * individuale
* a casa   * a piccoli gruppi
* a scuola

Nota: per l'obiettivo della localizzazione della sorgente sonora è preferibile il setting individuale, con la presenza di due adulti per condurre l'esercizio.

Svolgimento

Detezione: il logopedista sceglie uno strumento (o lo fa scegliere dal bambino stesso). Ogni volta che viene prodotta la sonorità, il bambino deve eseguire un movimento concordato: per esempio, fare un salto avanti/indietro, battere le mani, fare un passo avanti/indietro, sedersi per terra/alzarsi in piedi.

Localizzazione della sorgente sonora: il logopedista sceglie due strumenti uguali tra loro (o li fa scegliere dal bambino stesso). I due adulti, con gli strumenti, si posizionano uno a destra e uno a sinistra del bambino. Ogni volta che viene prodotta la sonorità, il bambino deve eseguire un movimento concordato, a seconda che la sonorità provenga da destra o da sinistra: per esempio, fare un salto avanti/indietro, fare un passo avanti/indietro, sedersi per terra/alzarsi in piedi.

Discriminazione: il logopedista sceglie, o fa scegliere dal bambino stesso, uno strumento (che consenta, a seconda del parametro che si intende esercitare, di produrre sonorità di diversa intensità, frequenza, durata, oppure due strumenti per avere un timbro diverso); il bambino deve eseguire un movimento concordato (per esempio, fare un salto avanti/indietro, fare un passo avanti/indietro, sedersi per terra/alzarsi in piedi), a seconda delle caratteristiche dello stimolo (per esempio, se lo stimolo presentato è forte, deve fare un salto avanti, mentre se lo stimolo è presentato piano deve fare un salto indietro).

Identificazione: il logopedista sceglie, o fa scegliere dal bambino stesso, uno strumento (che consenta, a seconda del parametro che si intende esercitare, di produrre sonorità di tre diverse intensità, frequenze, durate, oppure tre o più strumenti per avere timbri diversi); il bambino deve eseguire un movimento concordato (per esempio, fare un salto avanti/indietro/stare fermo, alzare le braccia/battere le mani/battere i piedi, sedersi per terra/stare chinato/alzarsi in piedi), a seconda delle caratteristiche dello stimolo (per esempio, se lo stimolo presentato è forte, deve alzare le braccia, se è di media intensità deve battere le mani, mentre se è presentato piano deve battere i piedi).

Difficoltà

1. Come prova, produrre per qualche volta lo stimolo sonoro in modo visibile al bambino: la facilitazione visiva serve per abituarlo al compito e per verificare se ha compreso correttamente la consegna;
2. rendere lo stimolo presentato non visibile: suonare lo strumento alle spalle del bambino, o in una posizione dalla quale non si è visibili;
3. ridurre l'intensità degli stimoli, e/o, accorciarne la durata (con gli strumenti che lo permettono), e/o introdurre una sonorità di fondo (fruscio, radio a basso volume, musica a basso volume, brusio registrato);
4. condurre l'attività proponendo non più sonorità strumentali, ma stimoli sonori vocali (con vocali o sillabe).

Nota: si potrà proporre la medesima attività anche in produzione, facendo suonare lo strumento al bambino stesso (o facendogli produrre lo stimolo vocale) e facendo svolgere il compito all'adulto o a un altro bambino.

Fai un passo!

Allenamento di
- Detezione

Materiali
Tamburo, campanaccio, legnetti, grattugia, fischietto, flauto e/o altri strumenti; cartellone con percorso disegnato con impronte di passi (per l'esecuzione dell'attività a piccoli gruppi è necessario prepararne uno per ciascun bambino).

Setting
- in seduta
- a casa
- a scuola
- individuale
- a piccoli gruppi

Svolgimento

Detezione: il logopedista sceglie uno strumento (o lo fa scegliere dal bambino stesso). Ogni volta che viene prodotta la sonorità, il bambino deve fare un passo in avanti sul cartello seguendo le impronte. Se invece il bambino fa un passo avanti anche se lo stimolo non è stato presentato, oppure non avanza anche se lo stimolo è stato presentato, dovrà fare un passo indietro.

Difficoltà
1. Come prova, produrre per qualche volta lo stimolo sonoro in modo visibile al bambino: la facilitazione visiva serve per abituarlo al compito e per verificare se ha compreso correttamente la consegna;
2. rendere lo stimolo presentato non visibile: suonare lo strumento alle spalle del bambino, o in una posizione dalla quale non si è visibili;
3. ridurre l'intensità degli stimoli, e/o accorciarne la durata (con gli strumenti che lo permettono) e/o introdurre una sonorità di fondo (fruscio, radio a basso volume, musica a basso volume, brusio registrato);
4. condurre l'attività proponendo non più sonorità strumentali, ma stimoli sonori vocali (con vocali o sillabe).

Nota: si potrà proporre la medesima attività anche in produzione, facendo suonare lo strumento al bambino stesso (o facendogli produrre lo stimolo vocale) e facendo svolgere il compito all'adulto o a un altro bambino.

Aggiungi un pezzo!

Allenamento di
- Detezione
- Localizzazione della sorgente sonora

- Discriminazione   Differenze:
  - durata (lungo/breve)
  - intensità (forte/piano)
  - frequenza (acuto/grave)
  - timbro

Materiali
Tamburo, campanaccio, legnetti, grattugia, fischietto, flauto e/o altri strumenti (per l'obiettivo della localizzazione della sorgente sonora è necessario averne due uguali); giocattoli a incastro, oppure costruzioni, oppure cerchi da infilare in un bastone, oppure lavagnette a chiodini.

Setting
- in seduta   • individuale
- a casa   • a piccoli gruppi
- a scuola

Nota: per l'obiettivo della localizzazione della sorgente sonora è preferibile il setting individuale, con la presenza di due adulti per condurre l'esercizio. Per l'obiettivo della discriminazione, se il setting è di gruppo, si può decidere di dare a ciascun bambino i giocattoli, oppure di dividere i bambini in due squadre.

Svolgimento

Detezione: il logopedista sceglie uno strumento (o lo fa scegliere dal bambino stesso), e pone il gioco a incastro (o bastone per i cerchi) davanti al bambino. Solo quando viene prodotta la sonorità, il bambino può inserire un elemento dell'incastro (o un cerchio nel bastone).

Localizzazione della sorgente sonora: il logopedista sceglie (o fa scegliere dal bambino) due strumenti uguali tra loro, e pone due giochi a incastro (o bastoni per i cerchi), uno alla destra e uno alla sinistra bambino. I due adulti, con gli strumenti, si posizionano uno a destra e uno a sinistra del bambino. Quando viene prodotta la sonorità, a seconda che provenga da destra o da sinistra, il bambino deve inserire un elemento dell'incastro (o un cerchio nel bastone) corrispondente.

Discriminazione: il logopedista sceglie, o fa scegliere dal bambino, uno strumento (che consenta, a seconda del parametro che si intende esercitare, di produrre sonorità di diversa intensità;, frequenza, durata, oppure due strumenti per avere un timbro diverso), e pone due giochi a incastro (o bastoni per i cerchi) davanti al bambino; egli, a seconda delle caratteristiche dello stimolo, dovrà inserire un elemento dell'incastro (o un cerchio nel bastone) in un gioco o nell'altro, secondo quanto concordato precedentemente con il logopedista.

Difficoltà

1. Come prova, produrre per qualche volta lo stimolo sonoro in modo visibile al bambino: la facilitazione visiva serve per abituarlo al compito e per verificare se ha compreso correttamente la consegna;
2. rendere lo stimolo presentato non visibile: suonare lo strumento alle spalle del bambino, o in una posizione dalla quale non si è visibili;
3. ridurre l'intensità degli stimoli, e/o accorciarne la durata (con gli strumenti che lo permettono) e/o introdurre una sonorità di fondo (fruscio, radio a basso volume, musica a basso volume, brusio registrato);
4. condurre l'attività proponendo non più sonorità strumentali, ma stimoli sonori vocali (con vocali o sillabe).

Nota: si potrà proporre la medesima attività anche in produzione, facendo suonare lo strumento al bambino stesso (o facendogli produrre lo stimolo vocale) e facendo svolgere il compito all'adulto o a un altro bambino.

Chi arriverà per primo?

Allenamento di

- Detezione
- Localizzazione della sorgente sonora

- Discriminazione
- Identificazione

Differenze:
- durata (lungo/medio/breve)
- intensità (forte/medio/piano)
- frequenza (acuto/medio/grave)
- timbro

Materiali

Tamburo, campanaccio, legnetti, grattugia, fischietto, flauto e/o altri strumenti (per l'obiettivo della localizzazione della sorgente sonora è necessario averne due uguali); animali di plastica (per esempio, cavallo, mucca, uccellino, cane, gatto); schede rappresentanti le impronte di ogni animale utilizzato, poste in fila per comporre un percorso, fino al traguardo, dove è disegnata una "meta" (per esempio, lo zuccherino per il cavallo, l'erba per la mucca, il nido per l'uccellino, l'osso per il cane, il latte per il gatto).

Setting

- in seduta
- a casa
- a scuola

- individuale
- a piccoli gruppi

Nota: per l'obiettivo della localizzazione della sorgente sonora è preferibile il setting individuale, con la presenza di due adulti per condurre l'esercizio. Per gli obiettivi della discriminazione e dell'identificazione, se il setting è di gruppo, si può decidere di dare a ciascun bambino gli animali e i percorsi, oppure di dividere i bambini in due squadre.

Svolgimento

Detezione: il logopedista sceglie (o fa scegliere dal bambino) uno strumento, poi consegna al bambino un animaletto giocattolo e la scheda corrispondente. Il bambino deve far avanzare l'animale sulle impronte solo quando viene prodotta la sonorità. Se invece fa avanzare l'animale anche in assenza dello stimolo, oppure non lo fa avanzare anche se lo stimolo è stato presentato, l'animale viene fatto retrocedere di una posizione.

Localizzazione della sorgente sonora: il logopedista sceglie (o fa scegliere dal bambino) due strumenti uguali tra loro, poi consegna al bambino due animaletti giocattolo e le schede corrispondenti, ponendole una a destra e una a sinistra. I due adulti, con gli strumenti, si posizionano uno a destra e uno a sinistra del bambino. Ogni volta che viene prodotta la sonorità, il bambino far avanzare sul percorso l'animale di destra o di sinistra, a seconda del lato di provenienza della sonorità.

Discriminazione: il logopedista sceglie, o fa scegliere dal bambino stesso, uno strumento (che consenta, a seconda del parametro che si intende esercitare, di produrre sonorità di diversa intensità, frequenza, durata, oppure due strumenti per avere un timbro diverso), poi consegna al bambino due animaletti giocattolo e le schede corrispondenti; a seconda delle caratteristiche dello stimolo, il bambino deve far avanzare sulle impronte l'uno o l'altro animale, secondo quanto indicato precedentemente dal logopedista (per esempio, se lo stimolo presentato è forte, egli deve far avanzare il cavallo, mentre se lo stimolo è presentato piano deve far avanzare l'uccellino).

Identificazione: il logopedista sceglie, o fa scegliere dal bambino stesso, uno strumento (che consenta, a seconda del parametro che si intende esercitare, di produrre sonorità di tre diverse intensità; frequenze, durate, oppure tre o più strumenti per avere timbri diversi), poi consegna al bambino due animaletti giocattolo e le schede corrispondenti; a seconda delle caratteristiche dello stimolo, il bambino deve far avanzare sulle impronte uno dei tre animali, secondo quanto indicato precedentemente dal logopedista (per esempio, se lo stimolo presentato è forte, deve far avanzare il cavallo, se è di intensità media deve far avanzare il gatto, mentre se è presentato piano deve far avanzare l'uccellino).

Difficoltà

1. Come prova, produrre per qualche volta lo stimolo sonoro in modo visibile al bambino: la facilitazione visiva serve per abituarlo al compito e per verificare se ha compreso correttamente la consegna;
2. rendere lo stimolo presentato non visibile: suonare lo strumento alle spalle del bambino, o in una posizione dalla quale non si è visibili;
3. ridurre l'intensità degli stimoli e/o accorciarne la durata (con gli strumenti che lo permettono) e/o introdurre una sonorità di fondo (fruscio, radio a basso volume, musica a basso volume, brusio registrato);
4. condurre l'attività proponendo non più sonorità strumentali ma stimoli sonori vocali (con vocali o sillabe).

Nota: si potrà proporre la medesima attività anche in produzione, facendo suonare lo strumento al bambino stesso (o facendogli produrre lo stimolo vocale) e facendo svolgere il compito all'adulto o a un altro bambino.

La casa dei suoni

Allenamento di

- Detezione
- Localizzazione della sorgente sonora

- Discriminazione   Differenze:
- Identificazione   – durata (lungo/medio/breve)
                           – intensità (forte/medio/piano)
                           – frequenza (acuto/medio/grave)
                           – timbro

Materiali

Tamburo, campanaccio, legnetti, grattugia, fischietto, flauto e/o altri strumenti (per l'obiettivo della localizzazione della sorgente sonora è necessario averne due uguali); una corda, oppure un gessetto, o una striscia di carta, o un nastro (per tracciare sul pavimento linee di divisione in diversi settori).

Setting

- in seduta   • individuale
- a casa   • a piccoli gruppi
- a scuola

Nota: per l'obiettivo della localizzazione della sorgente sonora è preferibile il setting individuale, con la presenza di due adulti per condurre l'esercizio.

Svolgimento

Detezione: il logopedista sceglie (o fa scegliere dal bambino) uno strumento; poi, con la corda (o nastro/striscia di carta/gessetto), delimita sul pavimento due settori: uno sarà la "casa del silenzio", l'altro la "casa dei suoni". Quando viene prodotta la sonorità, il bambino deve entrare nella "casa dei suoni", altrimenti deve restare nella "casa del silenzio".

Localizzazione della sorgente sonora: il logopedista sceglie (o fa scegliere dal bambino) due strumenti uguali tra loro; poi, con la corda (o nastro/striscia di carta/gessetto), delimita sul pavimento due settori, uno a destra e uno a sinistra. I due adulti, con gli strumenti, si posizionano uno a destra e uno a sinistra del bambino. Ogni volta che viene prodotta la sonorità, il bambino deve entrare nel settore di destra o di sinistra, a seconda del lato di provenienza della sonorità.

Discriminazione: il logopedista sceglie (o fa scegliere dal bambino) uno strumento (che consenta, a seconda del parametro che si intende esercitare, di produrre sonorità di diversa intensità; frequenza, durata, oppure due strumenti per avere un timbro diverso); poi, con la corda (o nastro/striscia di carta/gessetto), delimita sul pavimento due settori; a seconda delle caratteristiche dello stimolo, il bambino deve entrare in un settore o nell'altro, secondo quanto indicato precedentemente dal logopedista.

Identificazione: il logopedista sceglie, o fa scegliere dal bambino stesso, uno strumento (che consenta, a seconda del parametro che si intende esercitare, di produrre sonorità di tre diverse intensità, frequenze, durate, oppure tre o più strumenti per avere timbri diversi), poi, con la corda (o nastro/striscia di carta/gessetto), delimita sul pavimento tre settori; a seconda delle caratteristiche dello stimolo, il bambino deve entrare in uno dei tre settori, secondo quanto indicato precedentemente dal logopedista.

Difficoltà

1. Come prova, produrre per qualche volta lo stimolo sonoro in modo visibile al bambino: la facilitazione visiva serve per abituarlo al compito e per verificare se ha compreso correttamente la consegna;
2. rendere lo stimolo presentato non visibile: suonare lo strumento alle spalle del bambino, o in una posizione dalla quale non si è visibili;
3. ridurre l'intensità degli stimoli, e/o accorciarne la durata (con gli strumenti che lo permettono) e/o introdurre una sonorità di fondo (fruscio, radio a basso volume, musica a basso volume, brusio registrato);
4. condurre l'attività proponendo non più sonorità strumentali, ma stimoli sonori vocali (con vocali o sillabe).

Nota: si potrà proporre la medesima attività anche in produzione, facendo suonare lo strumento al bambino stesso (o facendogli produrre lo stimolo vocale) e facendo svolgere il compito all'adulto o a un altro bambino.

Via i gettoni!

Allenamento di

- Discriminazione
- Identificazione

Differenze:
- durata (lungo/medio/breve)
- intensità (forte/medio/piano)
- frequenza (acuto/medio/grave)
- timbro

Materiali

Tamburo, campanaccio, legnetti, grattugia, fischietto, flauto e/o altri strumenti (per l'obiettivo della localizzazione della sorgente sonora è necessario averne due uguali); fogli con il disegno di un cerchio, tracciato di dimensioni e/o colori diversi; tanti gettoni, oppure bottoni, oppure pezzi di costruzioni, o cubetti (il numero dipende da quanto si intende prolungare l'attività).

Setting

- in seduta
- a casa
- a scuola
- individuale
- a piccoli gruppi

Nota: se il setting è di gruppo, si può decidere di dare a ciascun bambino i fogli con il cerchio disegnato e i gettoni, oppure di dividere i bambini in due squadre.

Svolgimento

Discriminazione: il logopedista sceglie, o fa scegliere al bambino, uno strumento (che consenta, a seconda del parametro che si intende esercitare, di produrre sonorità di diversa intensità, frequenza, durata, oppure due strumenti per avere un timbro diverso); poi posiziona davanti al bambino due fogli, con i cerchi disegnati di dimensioni e/o colori diversi. A seconda delle caratteristiche dello stimolo, il bambino deve mettere un gettone/cubetto/bottone su uno dei due cerchi, secondo quanto indicato precedentemente dal logopedista (per esempio, se lo stimolo presentato è forte, deve mettere un gettone sul cerchio grande, mentre se lo stimolo è presentato piano deve mettere gettone sul cerchio piccolo).

Identificazione: il logopedista sceglie, o fa scegliere dal bambino stesso, uno strumento (che consenta, a seconda del parametro che si intende esercitare, di produrre sonorità di tre diverse intensità, frequenze, durate, oppure tre o più strumenti per avere timbri diversi); poi posiziona davanti al bambino tre fogli (oppure tanti fogli quante sono le possibilità di stimolazione previste), con i cerchi disegnati di dimensioni e/o colori diversi. A seconda delle caratteristiche dello stimolo, il bambino deve mettere un gettone/cubetto/bottone su uno dei tre cerchi, secondo quanto indicato precedentemente dal logopedista (per esempio, se lo stimolo presentato è acuto deve mettere un gettone sul cerchio rosso, se è di frequenza media deve metterlo sul cerchio verde, mentre se è grave deve metterlo sul cerchio blu).

Difficoltà

1. Come prova, produrre per qualche volta lo stimolo sonoro in modo visibile al bambino: la facilitazione visiva serve per abituarlo al compito e per verificare se ha compreso correttamente la consegna;
2. rendere lo stimolo presentato non visibile: suonare lo strumento alle spalle del bambino, o in una posizione dalla quale non si è visibili;
3. ridurre l'intensità degli stimoli, e/o accorciarne la durata (con gli strumenti che lo permettono) e/o introdurre una sonorità di fondo (fruscio, radio a basso volume, musica a basso volume, brusio registrato);
4. condurre l'attività proponendo non più sonorità strumentali, ma stimoli sonori vocali (con vocali o sillabe).

Nota: si potrà proporre la medesima attività anche in produzione, facendo suonare lo strumento al bambino stesso (o facendogli produrre lo stimolo vocale) e facendo svolgere il compito all'adulto o a un altro bambino.

Scrivi i suoni!

Allenamento di
- Detezione
- Localizzazione della sorgente sonora

- Discriminazione   Differenze:
- Identificazione   – durata (lungo/medio/ breve)
                           – intensità (forte/medio/piano)
                           – frequenza (acuto/medio/grave)
                           – timbro

Materiali
Tamburo, campanaccio, legnetti, grattugia, fischietto, flauto e/o altri strumenti (per l'obiettivo della localizzazione della sorgente sonora è necessario averne due uguali); fogli bianchi per disegnare; pennarelli o matite colorate.

Setting
- in seduta   • individuale
- a casa   • a piccoli gruppi
- a scuola

Nota: per l'obiettivo della localizzazione della sorgente sonora è preferibile il setting individuale, con la presenza di due adulti per condurre l'esercizio. Per gli obiettivi della discriminazione e dell'identificazione, se il setting è di gruppo, si può decidere di dare a ciascun bambino fogli e pennarelli, oppure di dividere i bambini in due squadre.

Svolgimento

Detezione: il logopedista sceglie (o fa scegliere dal bambino) uno strumento; poi consegna al bambino un foglio bianco e gli fa scegliere un pennarello/pastello (il lasciare al bambino più colori da poter cambiare di volta in volta potrebbe essere un elemento di distrazione). Solo quando viene prodotta la sonorità, il bambino deve disegnare sul foglio un pallino (o cerchio, o crocetta, o altro simbolo concordato precedentemente).

Localizzazione della sorgente sonora: il logopedista sceglie (o fa scegliere dal bambino) due strumenti uguali tra loro; poi dispone due fogli bianchi uno a destra e uno a sinistra del bambino, e gli fa scegliere due pennarelli/pastelli. I due adulti, con gli strumenti, si posizionano uno a destra e uno a sinistra del bambino. Ogni volta che viene prodotta la sonorità, il bambino deve disegnare un pallino (o cerchio, o crocetta o altro simbolo concordato precedentemente) sul foglio di destra o di sinistra, a seconda del lato di provenienza della sonorità.

Discriminazione: il logopedista sceglie (o fa scegliere dal bambino) uno strumento (che consenta, a seconda del parametro che si intende esercitare, di produrre sonorità di diversa intensità; frequenza, durata, oppure due strumenti per avere un timbro diverso); poi dispone due fogli bianchi davanti al bambino, e gli fa scegliere due pennarelli/pastelli. A seconda delle caratteristiche dello stimolo, il bambino deve disegnare un pallino (o cerchio, o crocetta o altro simbolo) su un foglio o sull'altro, secondo quanto indicato precedentemente dal logopedista.

Variante: si può utilizzare un solo foglio, su cui il bambino deve disegnare di volta in volta un simbolo diverso a seconda delle caratteristiche dello stimolo (per esempio, un trattino se lo stimolo è breve e una linea più lunga se lo stimolo è lungo).

Identificazione: il logopedista sceglie, o fa scegliere dal bambino stesso, uno strumento (che consenta, a seconda del parametro che si intende esercitare, di produrre sonorità di tre diverse intensità, frequenze, durate, oppure tre o più strumenti per avere timbri diversi), poi dispone tre fogli bianchi davanti al bambino e gli fa scegliere tre pennarelli/pastelli. A seconda delle caratteristiche dello stimolo, il bambino deve disegnare un pallino (o cerchio, o crocetta, o altro simbolo) su uno dei tre fogli, secondo quanto indicato precedentemente dal logopedista.

Variante: si può utilizzare un solo foglio, su cui il bambino deve disegnare di volta in volta un simbolo diverso a seconda delle caratteristiche dello stimolo (per esempio, un puntino se lo stimolo è presentato piano, un pallino se lo stimolo è di media intensità e un cerchio più grande se lo stimolo è forte).

Difficoltà

1. Come prova, produrre per qualche volta lo stimolo sonoro in modo visibile al bambino: la facilitazione visiva serve per abituarlo al compito e per verificare se ha compreso correttamente la consegna;

2. rendere lo stimolo presentato non visibile: suonare lo strumento alle spalle del bambino o in una posizione dalla quale non si è visibili;

3. ridurre l'intensità degli stimoli e/o accorciarne la durata (con gli strumenti che lo permettono) e/o introdurre una sonorità di fondo (fruscio, radio a basso volume, musica a basso volume, brusio registrato…);

4. condurre l'attività proponendo non più sonorità strumentali, ma stimoli sonori vocali (con vocali o sillabe).

Nota: si potrà proporre la medesima attività anche in produzione, facendo suonare lo strumento al bambino stesso (o facendogli produrre lo stimolo vocale) e facendo svolgere il compito all'adulto o a un altro bambino.

Attacca stacca!

Allenamento di

- Detezione
- Localizzazione della sorgente sonora

- Discriminazione   Differenze:
- Identificazione   – durata (lungo/medio/breve)
    – intensità (forte/medio/piano)
    – frequenza (acuto/medio/grave)
    – timbro

Materiali

Tamburo, campanaccio, legnetti, grattugia, fischietto, flauto e/o altri strumenti (per l'obiettivo della localizzazione della sorgente sonora è necessario averne due uguali); fogli di cartoncino (di colori e/o dimensioni diverse, e/o contrassegnati con simboli diversi); foglietti attacca-stacca tipo post-it (di colori e/o dimensioni corrispondenti a quelli dei cartoncini e/o contrassegnati con gli stessi simboli);

Variante 1: si può utilizzare un unico cartoncino diviso in settori, oppure si possono attaccare i post-it sulla superficie del tavolo, opportunamente divisa in settori.

Variante 2: si possono sostituire i post-it con piccole calamite e i cartoncini con lavagnette metalliche colorate, oppure con un'unica lavagnetta divisa in settori.

Setting

- in seduta   • individuale
- a casa   • a piccoli gruppi
- a scuola

Nota: per l'obiettivo della localizzazione della sorgente sonora è preferibile il setting individuale, con la presenza di due adulti per condurre l'esercizio. Per gli obiettivi della discriminazione e dell'identificazione, se il setting è di gruppo, si può decidere di dare a ciascun bambino cartoncini e post-it, oppure di dividere i bambini in due squadre.

Svolgimento

Detezione: il logopedista sceglie (o fa scegliere dal bambino) uno strumento; poi pone davanti al bambino un cartoncino e attacca vicino a esso sul tavolo i post-it. Solo quando viene prodotta la sonorità, il bambino deve staccare un post-it dal tavolo e attaccarlo sul cartoncino.

Localizzazione della sorgente sonora: il logopedista sceglie (o fa scegliere dal bambino) due strumenti uguali tra loro; poi dispone due cartoncini uno a destra e uno a sinistra del bambino e attacca sul tavolo in mezzo a essi i post-it. I due adulti, con gli strumenti, si posizionano uno a destra e uno a sinistra del bambino. Ogni volta che viene prodotta la sonorità, il bambino deve staccare un post-it dal tavolo e attaccarlo sul cartoncino di destra o di sinistra, a seconda del lato di provenienza della sonorità.

Discriminazione: il logopedista sceglie (o fa scegliere dal bambino) uno strumento (che consenta, a seconda del parametro che si intende esercitare, di produrre sonorità di diversa intensità; frequenza, durata, oppure due strumenti per avere un timbro diverso); poi dispone davanti al bambino due cartoncini di colori e/o dimensioni diverse, e/o contrassegnati con simboli diversi, e attacca sul tavolo i post-it di colori e/o dimensioni corrispondenti a quelli dei cartoncini, e/o contrassegnati con gli stessi simboli. A seconda delle caratteristiche dello stimolo, il bambino deve staccare un post-it dal tavolo e attaccarlo sul cartoncino corrispondente, secondo quanto indicato precedentemente dal logopedista (colore/dimensione/simbolo sono abbinati a una caratteristica dello stimolo, per esempio stimolo breve=trattino, stimolo lungo=linea lunga).

Identificazione: il logopedista sceglie, o fa scegliere dal bambino stesso, uno strumento (che consenta, a seconda del parametro che si intende esercitare, di produrre sonorità di tre diverse intensità, frequenze, durate, oppure tre o più strumenti per avere timbri diversi), poi dispone davanti al bambino tre cartoncini di colori e/o dimensioni diverse, e/o contrassegnati con simboli diversi, e attacca sul tavolo i post-it di colori e/o dimensioni corrispondenti a quelli dei cartoncini, e/o contrassegnati con gli stessi simboli. A seconda delle caratteristiche dello stimolo, il bambino deve staccare un post-it dal tavolo e attaccarlo sul cartoncino corrispondente, secondo quanto indicato precedentemente dal logopedista (colore/dimensione/simbolo sono abbinati a una caratteristica dello stimolo, per esempio frequenza grave=colore blu, frequenza media=colore verde, frequenza acuta=colore giallo).

Difficoltà

1. Come prova, produrre per qualche volta lo stimolo sonoro in modo visibile al bambino: la facilitazione visiva serve per abituarlo al compito e per verificare se ha compreso correttamente la consegna;
2. rendere lo stimolo presentato non visibile: suonare lo strumento alle spalle del bambino o in una posizione dalla quale non si è visibili;
3. ridurre l'intensità degli stimoli e/o accorciarne la durata (con gli strumenti che lo permettono) e/o introdurre una sonorità di fondo (fruscio, radio a basso volume, musica a basso volume, brusio registrato...);
4. condurre l'attività proponendo non più sonorità strumentali, ma stimoli sonori vocali (con vocali o sillabe).

Nota: si potrà proporre la medesima attività anche in produzione, facendo suonare lo strumento al bambino stesso (o facendogli produrre lo stimolo vocale) e facendo svolgere il compito all'adulto o a un altro bambino.

Scegli lo strumento!

Allenamento di
- Discriminazione
- Identificazione

Differenze:
– timbro

Materiali
Tamburo, campanaccio, legnetti, grattugia, fischietto, flauto e/o altri strumenti (è necessario averne due uguali); facoltativo: un cartoncino, oppure una scatola o un altro strumento da utilizzare come schermo separatore tra sé e il bambino.

Setting
- in seduta
- a casa
- a scuola

- individuale

Nota: il setting di gruppo è di più difficile attuazione; eventualmente, è possibile gestire un piccolo gruppo facendo svolgere l'attività a turno a un bambino alla volta (in tal caso le modalità di svolgimento rimangono invariate rispetto al setting individuale).

Svolgimento

Discriminazione: il logopedista sceglie per sé due strumenti, poi dispone davanti al bambino due strumenti uguali. Dopo aver ascoltato lo stimolo presentato, il bambino deve scegliere tra i due strumenti a sua disposizione quello che, secondo lui, il logopedista ha utilizzato per produrre la sonorità.

Identificazione: il logopedista sceglie per sé tre o più strumenti, poi dispone davanti al bambino strumenti uguali a quelli scelti. Dopo aver ascoltato lo stimolo presentato, il bambino deve scegliere tra gli strumenti a sua disposizione quello che, secondo lui, il logopedista ha utilizzato per produrre la sonorità.

Difficoltà
1. Come prova, produrre per qualche volta lo stimolo sonoro in modo visibile al bambino: la facilitazione visiva serve per abituarlo al compito e per verificare se ha compreso correttamente la consegna;
2. rendere lo stimolo presentato non visibile: suonare lo strumento alle spalle del bambino o in una posizione dalla quale non si è visibili;
3. ridurre l'intensità degli stimoli e/o accorciarne la durata (con gli strumenti che lo permettono) e/o introdurre una sonorità di fondo (fruscio, radio a basso volume, musica a basso volume, brusio registrato…);
4. condurre l'attività proponendo sonorità dalle differenze sempre meno marcate.

Nota: si potrà proporre la medesima attività anche in produzione, facendo suonare lo strumento al bambino stesso (o facendogli produrre lo stimolo vocale) e facendo svolgere il compito all'adulto o a un altro bambino.

Fazzoletto con i suoni

Allenamento di
• Detezione

• Discriminazione   Differenze:
• Identificazione   – durata (lungo/ medio/breve)
                           – intensità (forte/medio/piano)
                           – frequenza (acuto/medio/grave)
                           – timbro

Materiali
Tamburo, campanaccio, legnetti, grattugia, fischietto, flauto e/o altri strumenti (per l'obiettivo della localizzazione della sorgente sonora è necessario averne due uguali); un fazzoletto.

Setting
• in seduta   • a piccoli gruppi
• a casa
• a scuola

Nota: per lo svolgimento dell'attività è necessaria la presenza di due adulti, oppure di un adulto con la collaborazione di un bambino che tiene il fazzoletto (se i bambini sono in numero dispari). Per l'obiettivo della detezione possono giocare 2 bambini per volta; per l'obiettivo della discriminazione possono giocare 4 bambini per volta; per l'obiettivo dell'identificazione possono giocare 6 o più bambini per volta (in base al numero dei possibili stimoli differenti previsti).

Svolgimento

Detezione: il logopedista sceglie uno strumento. I due bambini sono posti uno di fronte all'altro, e il secondo adulto (o il bambino che collabora) si mette a metà strada tra di loro. Solo quando viene prodotta la sonorità, i due bambini devono partire di corsa per prendere il fazzoletto dalle mani dell'adulto (o del bambino che collabora) l'uno prima dell'altro.

Discriminazione: il logopedista sceglie uno strumento (che consenta, a seconda del parametro che si intende esercitare, di produrre sonorità di diversa intensità; frequenza, durata, oppure due strumenti per avere un timbro diverso). I 4 bambini sono divisi in due squadre e disposti in due file in modo tale che ciascun bambino abbia di fronte un avversario; il secondo adulto (o il bambino che collabora) si mette a metà strada tra le due file. A ciascuna coppia di avversari viene abbinato uno stimolo. Quando viene prodotta la sonorità, a seconda delle caratteristiche dello stimolo, i due bambini dell'una o dell'altra coppia di avversari (secondo quanto indicato precedentemente dal logopedista) dovranno partire di corsa per prendere il fazzoletto dalle mani dell'adulto (o del bambino che collabora) l'uno prima dell'altro.

Identificazione: il logopedista sceglie uno strumento (che consenta, a seconda del parametro che si intende esercitare, di produrre sonorità di tre diverse intensità, frequenze, durate, oppure tre o più strumenti per avere timbri diversi). I bambini sono divisi in due squadre e disposti in due file in modo tale che ciascun bambino abbia di fronte un avversario; il secondo adulto (o il bambino che collabora) si mette a metà strada tra le due file. A ciascuna coppia di avversari viene abbinato uno stimolo. Quando viene prodotta la sonorità, a seconda delle caratteristiche dello stimolo, i due bambini di una coppia di avversari (secondo quanto indicato precedentemente dal logopedista) dovranno partire di corsa per prendere il fazzoletto dalle mani dell'adulto (o del bambino che collabora) l'uno prima dell'altro.

Difficoltà

1. Come prova, produrre per qualche volta lo stimolo sonoro in modo visibile ai bambini: la facilitazione visiva serve per abituarlo al compito e per verificare se ha compreso correttamente la consegna;
2. rendere lo stimolo presentato non visibile: suonare lo strumento alle spalle dei bambino, o in una posizione dalla quale non si è visibili;
3. ridurre l'intensità degli stimoli, e/o accorciarne la durata (con gli strumenti che lo permettono) e/o introdurre una sonorità di fondo (fruscio, radio a basso volume, musica a basso volume, brusio registrato...);
4. condurre l'attività proponendo non più sonorità strumentali, ma stimoli sonori vocali (con vocali o sillabe).

Nota: si potrà proporre la medesima attività anche in produzione, facendo suonare lo strumento ai bambini stessi (o facendo produrre loro lo stimolo vocale) e facendo svolgere il compito agli adulti e/o ad altri bambini.

Indovina che cosa è stato?

Allenamento di
- Riconoscimento di sonorità ambientali prodotte in casa e all'esterno

Materiali
Oggetti e strumenti di uso quotidiano che producano sonorità (per esempio, telefono, radio, televisore, frullatore, aspirapolvere, campanello.

Nota: per svolgere l'attività in seduta e a scuola è utile avere una registrazione audio delle sonorità dell'ambiente domestico utilizzate; lo stesso vale per le sonorità dell'ambiente esterno (macchine, autobus, treni, aeroplani, versi di animali…), se non sono presenti come sottofondo nel luogo in cui si svolge l'attività.

Setting
- in seduta
- a casa
- a scuola
- individuale
- a piccoli gruppi

Nota: se il setting è di gruppo, lo svolgimento è analogo al setting individuale, ma tutti i bambini espongono la loro ipotesi sull'origine della sonorità e, se ci sono pareri discordanti, individuano la risposta corretta con l'aiuto dell'adulto.

Svolgimento

Sonorità domestiche: il logopedista, senza avvertire anticipatamente il bambino, propone la registrazione di una sonorità dell'ambiente domestico (a casa, i genitori possono utilizzare sonorità provenienti direttamente dall'oggetto, prodotte appositamente oppure ogni volta che compaiono come rumore di sottofondo nella normale vita domestica). Viene richiesto al bambino di denominare l'oggetto o di spiegare che cos'è o a che cosa serve, o mimarne l'utilizzo, a seconda delle sue abilità espressive.

Sonorità esterne: quando si sente come rumore di sottofondo il clacson, il traffico, l'abbaiare di un cane, il passaggio di un treno, si interrompe l'attività in corso e si chiede al bambino che cosa ha prodotto la sonorità udita (se nell'ambiente di lavoro non sono presenti tali sonorità di sottofondo, si possono utilizzare registrazioni audio). Il bambino può denominare la sorgente sonora oppure spiegare a che cosa serve o che cosa fa, aiutandosi se necessario con mimica e gesti, a seconda delle sue abilità espressive.

Difficoltà
1. Richiedere il riconoscimento durante lo svolgimento di compiti poco impegnativi;
2. richiedere il riconoscimento durante lo svolgimento di compiti impegnativi;
3. ridurre l'intensità degli stimoli da riconoscere e/o aumentare l'intensità del rumore di sottofondo distraente.

Disegna che cosa è stato?

Allenamento di
• Riconoscimento di sonorità ambientali prodotte in casa e all'esterno

Materiali
Oggetti e strumenti di uso quotidiano che producano sonorità (per esempio, telefono, radio, televisore, frullatore, aspirapolvere, campanello; fogli per disegnare, matite, pennarelli o pastelli).

Nota: per svolgere l'attività in seduta e a scuola è utile avere una registrazione audio delle sonorità dell'ambiente domestico utilizzate; lo stesso vale per le sonorità dell'ambiente esterno (macchine, autobus, treni, aeroplani, versi di animali...), se non sono presenti come sottofondo nel luogo in cui si svolge l'attività.

Setting
• in seduta   • individuale
• a casa   • a piccoli gruppi
• a scuola

Nota: se il setting è di gruppo, lo svolgimento è analogo al setting individuale, ma tutti i bambini disegnano sul proprio foglio la fonte della sonorità; e, se ci sono disegni discordanti, individuano la risposta corretta con l'aiuto dell'adulto.

Svolgimento

Sonorità domestiche: il logopedista, senza avvertire anticipatamente il bambino, propone la registrazione di una sonorità dell'ambiente domestico (a casa, i genitori possono utilizzare sonorità provenienti direttamente dall'oggetto, prodotte appositamente oppure ogni volta che compaiono come rumore di sottofondo nella normale vita domestica). Viene richiesto al bambino di disegnare l'oggetto e, se il disegno non è in chiaramente comprensibile, si può chiedergli di spiegarlo o commentarlo, per avere la certezza di comprendere che cosa è stato disegnato.

Sonorità esterne: quando si sente come rumore di sottofondo il calcson, il traffico, l'abbaiare di una cane, il passaggio di un treno, si interrompe l'attività in corso e si chiede al bambino di disegnare ciò che ha prodotto la sonorità udita (se nell'ambiente di lavoro non sono presenti tali sonorità di sottofondo, si possono utilizzare registrazioni audio). Se il disegno non è in chiaramente comprensibile, si può chiedergli di spiegarlo o commentarlo, per avere la certezza di comprendere che cosa è stato disegnato.

Difficoltà
1. Richiedere il riconoscimento durante lo svolgimento di compiti poco impegnativi;
2. richiedere il riconoscimento durante lo svolgimento di compiti impegnativi;
3. ridurre l'intensità degli stimoli da riconoscere e/o aumentare l'intensità del rumore di sottofondo distraente.

L'allenamento all'ascolto delle parole

Dopo aver sviluppato l'allenamento all'ascolto con un buon numero di suoni e rumori ambientali, e poi con i primi suoni linguistici (vocali e sillabe), il bambino sarà in grado di procedere con l'allenamento all'ascolto di parole singole.

Arrivato a questo punto, il bambino ha già superato la fase della detezione, che è ormai un compito facile. Lo stesso dovrebbe essere per l'abilità di localizzazione della sorgente sonora. Quindi, l'allenamento con le parole può iniziare dalla fase della "discriminazione", per procedere poi con l'"identificazione" e il "riconoscimento".

Discriminazione

Consiste nella capacità di distinguere una parola da un'altra (uguale – diverso), tra due possibili alternative. Si può procedere in due modi: o si pronuncia una delle due parole e si chiede di individuare quale delle due parole della coppia è stata presentata, oppure si pronunciano due parole e si richiede di stabilire se esse erano uguali o diverse.

Per essere in grado di svolgere l'attività, il bambino deve conoscere le parole e saperle associare alle immagini utilizzate, quindi è importante prevedere come premessa una breve fase di addestramento al compito e familiarizzazione con gli stimoli che saranno proposti.

Le parole devono essere presentate solo uditivamente (cioè a bocca schermata), fatta eccezione per il momento di approccio iniziale in cui può essere utile il supporto visivo della labiolettura come facilitazione.

Per iniziare, è meglio proporre due parole di lunghezza molto differente, per poi ridurre progressivamente la differenza di lunghezza. Quando il bambino ottiene buoni risultati, si possono proporre due parole della stessa lunghezza: dapprima molto diverse come suoni, poi sempre più simili, fino ad arrivare alle coppie minime (cioè parole che differiscono per un solo suono). Per le parole della stessa lunghezza, il compito è più facile con parole bisillabiche, e più difficile con parole trisillabiche e quadrisillabiche. Si può rendere il compito ancora più difficile riducendo il volume e/o introducendo un rumore di fondo.

Identificazione

È la fase successiva a quella di "discriminazione".
Consiste nella capacità di individuare una parola all'interno di un gruppo limitato (almeno tre) di scelte possibili (set chiuso).
Nella pratica, si richiede al bambino di individuare l'immagine corrispondente alla parola presentata all'interno di un gruppo di opzioni possibili.
Valgono gli stessi principi e le stesse indicazioni relative al compito di "discriminazione", di cui l'"identificazione" rappresenta un aumento di difficoltà.

Per iniziare, è meglio proporre tre parole di lunghezza molto differente, per poi ridurre progressivamente la differenza di lunghezza. Quando il bambino ottiene buoni risultati, si possono proporre tre parole della stessa lunghezza: dapprima molto diverse come suoni, poi sempre più simili, fino ad arrivare alle coppie minime (cioè parole che differiscono per un solo suono). Per le parole della stessa lunghezza, il compito è più facile con parole bisillabiche, e più difficile con parole trisillabiche e quadrisillabiche. A ognuno dei livelli sopra indicati, quando il bambino è in grado di svolgere il compito di scelta fra tre parole, è bene aumentare gradualmente le possibilità di scelta (tra quattro, sei, otto elementi).
Si può rendere il compito ancora più difficile riducendo il volume e/o introducendo un rumore di fondo.

Riconoscimento

È la fase successiva a quella di "identificazione".
Consiste nella capacità di cogliere gli elementi sonori che caratterizzano una parola e di individuarla in un set aperto, cioè senza la facilitazione di una scelta limitata a un numero chiuso di possibilità.
Il bambino deve ripetere la parola proposta, riconoscendola tra infinite possibilità di scelta. In teoria, il bambino può riconoscere una parola anche senza comprenderne il significato, ma in pratica è assai difficile separare il riconoscimento percettivo dello stimolo dalla sua comprensione e dal collegamento ad un significato. Questo livello è decisamente più complesso dei precedenti, ma si avvicina maggiormente alle situazioni effettive sperimentate nella vita quotidiana.
Per iniziare, è meglio richiedere il compito di riconoscimento in condizioni più facili: in un ambiente silenzioso, con parole brevi e molto familiari e durante lo svolgimento di attività poco impegnative. Si può rendere il compito più difficile richiedendo il riconoscimento durante lo svolgimento di attività più impegnative, presentando parole conosciute ma meno consuete ed introducendo un rumore di fondo. Eventualmente si possono proporre anche parole non conosciute per verificare da un lato l'abilità di riconoscimento al netto della facilitazione semantica, e dall'altro la capacità e la disponibilità del bambino a comunicare di non aver compreso e chiedere spiegazioni e chiarimenti (il riconoscimento infatti non sempre è completamente scindibile dalla comprensione).

Nell'allenamento delle fasi di discriminazione e di identificazione, ecco le principali caratteristiche delle parole per le quali il bambino deve imparare a individuare le differenze:
-   durata sillabica: parola bi- o quadri- sillabica, parola bi- o tri- sillabica, parola tri- o quadri- sillabica / parola bi- o tri- o quadri- sillabica;
-   componente sonora: parole molto diverse come suoni, o simili, o coppie minime (cioè parole che differiscono per un solo suono).

In ogni fase, ci sono ulteriori abilità uditive che vengono sempre stimolate:
- separazione figura-sfondo: cioè l'abilità di separare la parola che interessa dalle altre sonorità distraenti presenti nell'ambiente come sottofondo, senza confonderla con esse;
- coordinazione uditivo-motoria: cioè l'abilità di coordinare la percezione uditiva di una parola a un'azione prodotta come risposta in conseguenza alla parola udita;
- separazione silenzio-sonorità: cioè l'abilità di distinguere i fonemi afoni (per esempio, /t/, /p/...) da quelli sonori (per esempio, /d/, /b/...);
- separazione impulsivo-continuo: cioè l'abilità di distinguere le consonanti occlusive (per esempio, /p/, /b/, /t/...) da quelle fricative (per esempio, /f/, /v/, /s/...);
- separazione suono-rumore: cioè l'abilità di distinguere le consonanti dalle vocali;
- intensità: cioè l'abilità di distinguere parole con accento diverso;
- separazione sonorità continue-continuamente interrotte: cioè l'abilità di distinguere il suono continuo /l/ dal suo corrispondente vibrato /r/.

Come osservare i progressi

Inizialmente il bambino deve imparare a distinguere due parole diverse l'una dall'altra (discriminazione) in condizioni facilitanti e non; solo quando sarà in grado di svolgere adeguatamente questo compito si potrà procedere con l'allenamento delle abilità di identificazione e infine di riconoscimento, rispettando per ciascuna di tali fasi la progressione di difficoltà precedentemente descritta.

Trova la parola!

Allenamento di
- Discriminazione   – parole di diversa durata sillabica (bi/tri/quadrisillabiche)
- Identificazione   – parole di uguale durata sillabica (con suoni molto diversi /con suoni simili/coppie minime)

Materiali
Tesserine con le immagini delle parole presentate.

Setting
- in seduta   • individuale
- a casa   • a piccoli gruppi
- a scuola

Nota: se il setting è di gruppo, lo svolgimento è analogo al setting individuale, ma si procede a turno in modo che di volta in volta l'attività sia svolta da un solo bambino mentre gli altri devono fare attenzione e confermare o meno la sua risposta.

Svolgimento

Discriminazione: il logopedista sceglie due immagini di parole con le caratteristiche desiderate di durata sillabica e differenziazione sonora, poi le posiziona davanti al bambino. Il logopedista pronuncia una delle due parole, e il bambino dovrà scegliere tra le due immagini quale corrisponde alla parola pronunciata e indicarla (o prenderla).

Identificazione: il logopedista sceglie tre o più immagini di parole con le caratteristiche desiderate di durata sillabica e differenziazione sonora, poi le posiziona davanti al bambino. Il logopedista pronuncia una delle parole, e il bambino dovrà scegliere tra le immagini quale corrisponde alla parola pronunciata e indicarla (o prenderla).

Difficoltà
1. Con parole di diversa durata sillabica:
   a. bisillabiche/quadrisillabiche;
   b. bisillabiche/trisillabiche;
   c. trisillabiche/quadrisillabiche.
2. Con parole di uguale durata sillabica:
   a. molto diverse come suoni;
   b. simili come suoni.
3. Con coppie minime.

Nota: proporre l'attività dapprima pronunciando la parola a bocca visibile come prova, poi svolgere l'esercizio a bocca schermata. Infine, come ulteriore elemento di difficoltà, pronunciare la parola a bassa intensità e/o con rumore di fondo.

Bruchi delle parole

Allenamento di
- Discriminazione   – parole di diversa durata sillabica (bi/tri/quadrisillabiche)
- Identificazione

Materiali
Tesserine con le immagini delle parole presentate; fogli di cartoncino di diversi colori e dimensioni, con il disegno di un bruco (che dovrà essere realizzato di lunghezza diversa per ogni cartoncino).

Setting
- in seduta
- a casa
- a scuola
- individuale
- a piccoli gruppi

Nota: se il setting è di gruppo, lo svolgimento è analogo al setting individuale, ma si procede a turno in modo che di volta in volta l'attività sia svolta da un solo bambino mentre gli altri devono fare attenzione e confermare o meno la sua risposta.

Svolgimento

Discriminazione: il logopedista sceglie due immagini di parole di diversa durata sillabica, poi le posiziona davanti al bambino. Il logopedista pronuncia una delle due parole, e il bambino dovrà scegliere tra le due immagini quale corrisponde alla parola pronunciata (quella più lunga o quella più corta) e metterla sul cartoncino corrispondente (per esempio, l'immagine della parola più corta sul cartoncino più piccolo con il disegno del bruco più corto).

Identificazione: il logopedista sceglie tre immagini di parole di diversa durata sillabica, poi le posiziona davanti al bambino. Il logopedista pronuncia una delle parole, e il bambino dovrà scegliere tra le immagini quale corrisponde alla parola pronunciata (quella più lunga, quella media o quella più corta) e metterla sul cartoncino corrispondente (per esempio, l'immagine della parola più lunga sul cartoncino più grande con il disegno del bruco più lungo).

Difficoltà
Diminuire gradualmente la differenza di durata sillabica delle parole:
1. bisillabiche/quadrisillabiche;
2. bisillabiche/trisillabiche;
3. trisillabiche/quadrisillabiche.

Nota: proporre l'attività dapprima pronunciando la parola a bocca visibile come prova, poi svolgere l'esercizio a bocca schermata. Infine, come ulteriore elemento di difficoltà, pronunciare la parola a bassa intensità e/o con rumore di fondo.

Ascolta e colora

Allenamento di
- Discriminazione
- Identificazione

– parole di diversa durata sillabica (bi/tri/quadrisillabiche)
– parole di uguale durata sillabica (con suoni molto diversi /con suoni simili/coppie minime)

Materiali
Tesserine con le immagini delle parole presentate (per il setting di gruppo sono necessarie tante copie di ciascuna immagine quanti sono i bambini); pennarelli o pastelli.

Setting
- in seduta
- a casa
- a scuola
- individuale
- a piccoli gruppi

Nota: se il setting è di gruppo, lo svolgimento è analogo al setting individuale; a tutti i bambini devono essere consegnate le stesse immagini, e ciascuno dovrà svolgere oil compito autonomamente, per poi confrontare alla fine le eventuali differenze di risposta.

Svolgimento

Discriminazione: il logopedista sceglie due immagini di parole con le caratteristiche desiderate di durata sillabica e differenziazione sonora, poi le posiziona davanti al bambino (a cui vengono dati anche pennarelli o pastelli). Il logopedista pronuncia una delle due parole, e il bambino dovrà colorare l'immagine corrispondente alla parola pronunciata.

Identificazione: il logopedista sceglie tre o più immagini di parole con le caratteristiche desiderate di durata sillabica e differenziazione sonora, poi le posiziona davanti al bambino (a cui vengono dati anche pennarelli o pastelli). Il logopedista pronuncia una delle parole, e il bambino dovrà colorare l'immagine corrispondente alla parola pronunciata.

Difficoltà
1. Con parole di diversa durata sillabica:
   a. bisillabiche/quadrisillabiche;
   b. bisillabiche/trisillabiche;
   c. trisillabiche/quadrisillabiche.
2. Con parole di uguale durata sillabica:
   a. molto diverse come suoni;
   b. simili come suoni.
3. Con coppie minime.

Nota: proporre l'attività dapprima pronunciando la parola a bocca visibile come prova, poi svolgere l'esercizio a bocca schermata. Infine, come ulteriore elemento di difficoltà, pronunciare la parola a bassa intensità e/o con rumore di fondo.

Parole in scatola

Allenamento di
- Discriminazione   – parole di diversa durata sillabica (bi/tri/quadrisillabiche)
- Identificazione   – parole di uguale durata sillabica (con suoni molto diversi /con suoni simili/coppie minime)

Materiali
Tesserine con le immagini delle parole presentate; una scatola (o cesto).

Setting
- in seduta   • individuale
- a casa   • a piccoli gruppi
- a scuola

Nota: se il setting è di gruppo, lo svolgimento è analogo al setting individuale, ma si procede a turno in modo che di volta in volta l'attività sia svolta da un solo bambino, mentre gli altri devono fare attenzione e confermare o meno la sua risposta.

Svolgimento

Discriminazione: il logopedista sceglie due immagini di parole con le caratteristiche desiderate di durata sillabica e differenziazione sonora, poi le posiziona davanti al bambino e pone vicino a lui anche la scatola (o cesto). Il logopedista pronuncia una delle due parole, e il bambino dovrà scegliere l'immagine corrispondente alla parola pronunciata e metterla nella scatola (o cesto).

Identificazione: il logopedista sceglie tre o più immagini di parole con le caratteristiche desiderate di durata sillabica e differenziazione sonora, poi le posiziona davanti al bambino e pone vicino a lui anche la scatola (o cesto). Il logopedista pronuncia una delle parole, ed il bambino dovrà scegliere l'immagine corrispondente alla parola pronunciata e metterla nella scatola (o cesto).

Difficoltà
1. Con parole di diversa durata sillabica:
    a. bisillabiche/quadrisillabiche;
    b. bisillabiche/trisillabiche;
    c. trisillabiche/quadrisillabiche.
2. Con parole di uguale durata sillabica:
    a. molto diverse come suoni;
    b. simili come suoni.
3. Con coppie minime.

Nota: proporre l'attività dapprima pronunciando la parola a bocca visibile come prova, poi svolgere l'esercizio a bocca schermata. Infine, come ulteriore elemento di difficoltà, pronunciare la parola a bassa intensità e/o con rumore di fondo.

Parole appese

Allenamento di
- Discriminazione — parole di diversa durata sillabica (bi/tri/quadrisillabiche)
- Identificazione — parole di uguale durata sillabica (con suoni molto diversi /con suoni simili/coppie minime)

Materiali
Tesserine con le immagini delle parole presentate; una lavagnetta metallica e tante calamite colorate.

Setting
- in seduta   • individuale
- a casa   • a piccoli gruppi
- a scuola

Nota: se il setting è di gruppo, lo svolgimento è analogo al setting individuale, ma si procede a turno in modo che di volta in volta l'attività sia svolta da un solo bambino mentre gli altri devono fare attenzione e confermare o meno la sua risposta.

Svolgimento

Discriminazione: il logopedista sceglie due immagini di parole con le caratteristiche desiderate di durata sillabica e differenziazione sonora, poi le posiziona davanti al bambino e pone vicino a lui anche la lavagnetta e le calamite. Il logopedista pronuncia una delle due parole, ed il bambino dovrà scegliere l'immagine corrispondente alla parola pronunciata ed attaccarla sulla lavagnetta con una calamita.

Identificazione: il logopedista sceglie tre o più immagini di parole con le caratteristiche desiderate di durata sillabica e differenziazione sonora, poi le posiziona davanti al bambino e pone vicino a lui anche la lavagnetta e le calamite. Il logopedista pronuncia una delle parole, e il bambino dovrà scegliere l'immagine corrispondente alla parola pronunciata e attaccarla sulla lavagnetta con una calamita.

Difficoltà
1. Con parole di diversa durata sillabica:
   a. bisillabiche/quadrisillabiche;
   b. bisillabiche/trisillabiche;
   c. trisillabiche/quadrisillabiche.
2. Con parole di uguale durata sillabica:
   a. molto diverse come suoni;
   b. simili come suoni.
3. Con coppie minime.

Nota: proporre l'attività dapprima pronunciando la parola a bocca visibile come prova, poi svolgere l'esercizio a bocca schermata. Infine, come ulteriore elemento di difficoltà, pronunciare la parola a bassa intensità e/o con rumore di fondo.

Carte doppie

Allenamento di
- Discriminazione   – parole di diversa durata sillabica (bi/tri/quadrisillabiche)
- Identificazione   – parole di uguale durata sillabica (con suoni molto diversi / con suoni simili/coppie minime)

Materiali
Tesserine con le immagini delle parole presentate (in doppia copia).

Setting
- in seduta   • individuale
- a casa
- a scuola

Svolgimento

Discriminazione: il logopedista sceglie due parole con le caratteristiche desiderate di durata sillabica e differenziazione sonora, poi posiziona le immagini corrispondenti davanti al bambino e ne tiene una copia per sé. Il logopedista pronuncia una delle due parole e mette la sua copia dell'immagine corrispondente sul tavolo, capovolta; il bambino deve scegliere tra le sue immagini quella corrispondente alla parola pronunciata e metterla vicino a quella capovolta; girando la tesserina il bambino scoprirà se la sua risposta è esatta oppure no.

Identificazione: il logopedista sceglie tre o più parole con le caratteristiche desiderate di durata sillabica e differenziazione sonora, poi posiziona le immagini corrispondenti davanti al bambino e ne tiene una copia per sé. Il logopedista pronuncia una delle parole e mette la sua copia dell'immagine corrispondente sul tavolo, capovolta; il bambino deve scegliere tra le sue immagini quella corrispondente alla parola pronunciata e metterla vicino a quella capovolta; girando la tesserina il bambino scoprirà se la sua risposta è esatta oppure no.

Difficoltà
1. Con parole di diversa durata sillabica:
   a. bisillabiche/quadrisillabiche;
   b. bisillabiche/trisillabiche;
   c. trisillabiche/quadrisillabiche.
2. Con parole di uguale durata sillabica:
   a. molto diverse come suoni;
   b. simili come suoni.
3. Con coppie minime.

Nota: proporre l'attività dapprima pronunciando la parola a bocca visibile come prova, poi svolgere l'esercizio a bocca schermata. Infine, come ulteriore elemento di difficoltà, pronunciare la parola a bassa intensità e/o con rumore di fondo.

Tombola

Allenamento di
• Identificazione   – parole di diversa durata sillabica (bi/tri/quadrisillabiche)
                     – parole di uguale durata sillabica (con suoni molto diversi /
                       con suoni simili/coppie minime)

Materiali
Tesserine con le immagini delle parole presentate; schedine a 4/6/8/... immagini, da
realizzare con le stesse immagini delle tesserine (una per ciascun bambino).

Setting
• in seduta   • individuale
• a casa   • a piccoli gruppi
• a scuola

Nota: se il setting è individuale, l'adulto dovrà sia condurre l'attività, sia parteciparvi insieme al bambino come secondo giocatore.

Svolgimento

Identificazione: il logopedista sceglie alcune parole con le caratteristiche desiderate di durata
sillabica e differenziazione sonora, poi mette le immagini corrispondenti in un sacchetto (oppure capovolte e impilate sul tavolo). A ciascun bambino viene consegnata una scheda con
4/6/8/... immagini (che devono essere scelte tra quelle delle tesserine). Il logopedista estrae
una tesserina e, senza far vedere l'immagine, pronuncia la parola. Il bambino deve verificare se
sulla propria scheda c'è quella parola oppure no, e se c'è deve indicarla; il logopedista fa vedere la tesserina estratta e, se le immagini corrispondono, questa viene posizionata sulla casella
corrispondente della scheda. Vince chi per primo riesce a riempire tutta la propria scheda.

Difficoltà
1. Con parole di diversa durata sillabica:
    a. bisillabiche/quadrisillabiche;
    b. bisillabiche/trisillabiche;
    c. trisillabiche/quadrisillabiche.
2. Con parole di uguale durata sillabica:
    a. molto diverse come suoni;
    b. simili come suoni.
3. Con coppie minime.

Nota: proporre l'attività dapprima pronunciando la parola a bocca visibile come prova, poi svolgere l'esercizio a bocca schermata. Infine, come ulteriore elemento di difficoltà, pronunciare la parola a bassa intensità e/o con rumore di fondo.

... Registratore di parole

Allenamento di
- Riconoscimento di parole singole

Materiali
Non è necessario alcun materiale specifico per condurre l'attività.

Setting
- in seduta
- a casa
- a scuola
- individuale
- a piccoli gruppi

Nota: se il setting è di gruppo, lo svolgimento è analogo al setting individuale, ma si procede a turno in modo che di volta in volta l'attività sia svolta da un solo bambino, mentre gli altri devono fare attenzione e confermare o meno la sua risposta.

Svolgimento

Riconoscimento: il logopedista pronuncia una parola (di cui è sicuro che il bambino conosca il significato). Il bambino deve "fare finta di essere un registratore" e ripetere la parola pronunciata dal logopedista (la risposta si considera corretta anche se articolata in modo approssimativo o se il bambino si aiuta con gesti e mimica, ma rende chiaramente comprensibile la risposta).

Difficoltà
1. Pronunciare le parole a bocca visibile;
2. pronunciare le parole a bocca schermata;
3. pronunciare le parole diminuendo l'intensità e/o introducendo un rumore di sottofondo.

Disegna le parole!

Allenamento di
• Riconoscimento di parole singole

Materiali
Fogli bianchi per disegnare; matite; pennarelli o pastelli.

Setting
• in seduta   • individuale
• a casa   • a piccoli gruppi
• a scuola

Nota: se il setting è di gruppo, lo svolgimento è analogo al setting individuale, ma tutti i bambini disegnano sul proprio foglio la parola; e, se ci sono disegni discordanti, individuano la risposta corretta con l'aiuto dell'adulto.

Svolgimento

Riconoscimento: il logopedista pronuncia una parola (di cui è sicuro che il bambino conosca il significato). Il bambino deve disegnare la parola pronunciata dal logopedista. Se il disegno non è chiaramente comprensibile, si può chiedergli di spiegarlo o commentarlo, per avere la certezza di comprendere che cosa è stato disegnato.

Difficoltà
1. Pronunciare le parole a bocca visibile;
2. pronunciare le parole a bocca schermata;
3. pronunciare le parole diminuendo l'intensità e/o introducendo un rumore di sottofondo.

L'allenamento all'ascolto delle frasi

Quando il bambino è stato allenato all'ascolto di un buon numero di parole, e ottiene buoni risultati con parole singole, sarà in grado di procedere con l'allenamento all'ascolto di frasi.

Come con le parole, anche con le frasi l'allenamento può iniziare dalla fase della "discriminazione", per procedere poi con l'"identificazione" e il "riconoscimento".

Discriminazione

Consiste nella capacità di distinguere una frase da un'altra (uguale – diverso), tra due possibili alternative. Si può procedere in due modi: o si pronuncia una delle due frasi e si chiede di individuare quale delle due frasi della coppia è stata presentata, oppure si pronunciano due frasi e si richiede di stabilire se esse erano uguali o diverse.

Per essere in grado di svolgere l'attività, il bambino deve conoscere le parole utilizzate nelle frasi e saperle associare alle immagini utilizzate, quindi è importante prevedere come premessa una breve fase di addestramento al compito e familiarizzazione con gli stimoli che saranno proposti.

Le frasi devono essere presentate solo uditivamente (cioè a bocca schermata), fatta eccezione per il momento di approccio iniziale in cui può essere utile il supporto visivo della labiolettura come facilitazione.

Per iniziare, è meglio proporre due frasi di lunghezza differente. Quando il bambino ottiene buoni risultati, si possono proporre due frasi della stessa lunghezza (cioè con lo stesso numero di elementi): dapprima con la maggior parte delle parole diverse, poi sempre più simili, fino ad arrivare alle coppie minime (cioè frasi che differiscono per una sola parola). Inoltre, il compito è ancora più difficile se le parole diverse nelle due frasi hanno suoni simili o addirittura differiscono per un solo suono (coppia minima).

Si può rendere il compito ancora più impegnativo riducendo il volume e/o introducendo un rumore di fondo.

Identificazione

È la fase successiva a quella di "discriminazione".

Consiste nella capacità di individuare una frase all'interno di un gruppo limitato (almeno tre) di scelte possibili (set chiuso).

Nella pratica, si richiede al bambino di individuare la rappresentazione grafica corrispondente alla frase presentata all'interno di un gruppo di opzioni possibili.

Valgono gli stessi principi e le stesse indicazioni relative al compito di "discriminazione", di cui l'"identificazione" rappresenta un aumento di difficoltà.

Per iniziare, è meglio proporre tre frasi di lunghezza differente. Quando il bambino ottiene buoni risultati, si possono proporre tre frasi della stessa lunghezza (cioè con lo stesso numero di elementi): dapprima con la maggior parte delle parole diverse, poi sempre più simili, fino ad arrivare alle coppie minime (cioè frasi che differiscono per una sola parola). Inoltre, il compito è ancora più difficile se le parole diverse nelle tre frasi hanno suoni simili o addirittura differiscono per un solo suono (coppia minima). A ognuno dei livelli sopra indicati, quando il bambino è in grado di svolgere il compito di scelta fra tre frasi, è bene aumentare gradualmente le possibilità di scelta (tra quattro, sei elementi).

Si può rendere il compito ancora più difficile riducendo il volume e/o introducendo un rumore di fondo.

Riconoscimento

È la fase successiva a quella di "identificazione".

Consiste nella capacità di cogliere gli elementi che caratterizzano una frase, e di individuarla in un set aperto, cioè senza la facilitazione di una scelta limitata ad un numero chiuso di possibilità.

Il bambino deve ripetere la frase proposta, riconoscendola tra infinite possibilità di scelta. In teoria, il bambino può riconoscere una frase anche senza comprenderne il significato, ma in pratica è assai difficile separare il riconoscimento percettivo dello stimolo dalla sua comprensione e dal collegamento ad un significato. Questo livello è decisamente più complesso dei precedenti, ma si avvicina maggiormente alle situazioni effettive sperimentate nella vita quotidiana.

Per iniziare, è meglio richiedere il compito di riconoscimento in condizioni più facili: in un ambiente silenzioso, con frasi brevi e molto familiari e durante lo svolgimento di attività poco impegnative. Si può rendere il compito più difficile richiedendo il riconoscimento durante lo svolgimento di attività più impegnative, presentando frasi meno consuete e introducendo un rumore di fondo. Eventualmente si possono proporre anche frasi con parole non conosciute per verificare da un lato l'abilità di riconoscimento al netto della facilitazione semantica, e dall'altro la capacità e la disponibilità del bambino a comunicare di non aver compreso e chiedere spiegazioni e chiarimenti (il riconoscimento infatti non sempre è completamente scindibile dalla comprensione). L'ultimo grado di evoluzione è rappresentato dalla capacità di sostenere una conversazione, alternando i compiti di riconoscimento/comprensione e di produzione di una risposta adeguata.

Nell'allenamento delle fasi di discriminazione e di identificazione, ecco quali sono le principali caratteristiche delle frasi per le quali il bambino deve imparare a individuare le differenze:

- numero di elementi/struttura della frase: frase con predicato a uno o a tre argomenti, a uno o due argomenti, a due o a tre argomenti/frase a uno, o due, o tre argomenti;

- componente sonora: frasi con tutte le parole diverse, o alcune parole diverse, o una sola parola diversa; parole di diversa o uguale lunghezza, molto diverse o simili o coppie minime (cioè parole che differiscono per un solo suono); in ogni frase, ci sono ulteriori abilità uditive che vengono sempre stimolate; esse sono analoghe a quelle indicate per la percezione di parole, e sono necessarie sia per individuare gli elementi sonori caratteristici delle parole che compongono le frasi, sia per cogliere la struttura e il significato della frase stessa;
- separazione figura-sfondo: cioè l'abilità di separare la frase che interessa dalle altre sonorità distraenti presenti nell'ambiente come sottofondo, senza confonderla con esse;
- coordinazione uditivo-motoria: cioè l'abilità di coordinare la percezione uditiva di una frase a un'azione prodotta come risposta in conseguenza alla frase udita;
- separazione silenzio-sonorità: cioè l'abilità di distinguere i fonemi afoni (per esempio, /t/, /p/...) da quelli sonori (per esempio, /d/, /b/...) e di individuare le pause;
- separazione impulsivo-continuo: cioè l'abilità di distinguere le consonanti occlusive (per esempio, /p/, /b/, /t/...) da quelle fricative (per esempio, /f/, /v/, /s/...);
- separazione suono-rumore: cioè l'abilità di distinguere le consonanti dalle vocali;
- intensità: cioè l'abilità di distinguere parole con accento diverso, e di cogliere la prosodia della frase (ossia l'intonazione affermativa, interrogativa, esclamativa, imperativa);
- separazione sonorità continue-continuamente interrotte: cioè l'abilità di distinguere il suono continuo /l/ dal suo corrispondente vibrato /r/.

Come osservare i progressi

Inizialmente il bambino deve imparare a distinguere due frasi diverse l'una dall'altra (discriminazione) in condizioni facilitanti e non; solo quando sarà in grado di svolgere adeguatamente questo compito si potrà procedere con l'allenamento delle abilità di identificazione e infine di riconoscimento, rispettando per ciascuna di tali fasi la progressione di difficoltà precedentemente descritta.

Trova la frase!

Allenamento di
- Discriminazione   – frasi di diversa lunghezza
- Identificazione   – frasi di uguale lunghezza

Materiali
Tesserine con le immagini delle parole utilizzate per comporre le frasi; schede rappresentanti la struttura delle frasi di lunghezza desiderata.

Setting
- in seduta   • individuale
- a casa   • a piccoli gruppi
- a scuola

Nota: se il setting è di gruppo, lo svolgimento è analogo al setting individuale, ma si procede a turno in modo che di volta in volta l'attività sia svolta da un solo bambino, mentre gli altri devono fare attenzione e confermare o meno la sua risposta.

Svolgimento

Discriminazione: il logopedista posiziona davanti al bambino due schede rappresentanti la struttura della frase di lunghezza desiderata, all'interno delle quali posiziona le tesserine con le immagini delle parole che compongono le frasi. Il logopedista pronuncia una delle due frasi, e il bambino dovrà scegliere tra le due frasi rappresentate quale corrisponde a quella pronunciata e indicarla (o prenderla).

Identificazione: il logopedista posiziona davanti al bambino tre o più schede rappresentanti la struttura della frase di lunghezza desiderata, all'interno delle quali posiziona le tesserine con le immagini delle parole che compongono le frasi. Il logopedista pronuncia una delle frasi, e il bambino dovrà scegliere tra quelle rappresentate quale corrisponde alla frase pronunciata e indicarla (o prenderla).

Difficoltà
1. Con frasi di diversa lunghezza:
   a. a 1 argomento/a 3 argomenti;
   b. a 1 argomento/a 2 argomenti;
   c. a 2 argomenti/a 3 argomenti.
2. Con frasi di uguale lunghezza:
   c. frasi, prima lunghe e poi brevi, con tutti gli elementi diversi;
   d. frasi, prima lunghe e poi brevi, diverse per più di un elemento.
3. Frasi, prima brevi e poi lunghe, con un solo elemento diverso.

Nota: proporre l'attività dapprima pronunciando la frase a bocca visibile come prova, poi svolgere l'esercizio a bocca schermata. Infine, come ulteriore elemento di difficoltà, pronunciare la frase a bassa intensità e/o con rumore di fondo.

Ogni frase al suo posto!

Allenamento di
• Discriminazione   – frasi di diversa lunghezza
• Identificazione

Materiali
Tesserine con le immagini delle parole utilizzate per comporre le frasi; schede rappresentanti la struttura delle frasi di lunghezza desiderata; 2 o 3 fogli (o un foglio grande diviso in 2 o 3 parti), ciascuno con il diegno di una linea lunga, corta o di media lunghezza.

Setting
• in seduta   • individuale
• a casa   • a piccoli gruppi
• a scuola

Nota: se il setting è di gruppo, lo svolgimento è analogo al setting individuale, ma si procede a turno in modo che di volta in volta l'attività sia svolta da un solo bambino, mentre gli altri devono fare attenzione e confermare o meno la sua risposta.

Svolgimento

Discriminazione: il logopedista posiziona davanti al bambino due schede rappresentanti strutture di frase di lunghezza diversa, all'interno delle quali posiziona le tesserine con le immagini delle parole che compongono le frasi. Il logopedista pronuncia una delle due frasi, e il bambino dovrà scegliere tra le due frasi rappresentate quale corrisponde a quella pronunciata e metterla sul foglio corrispondente (per esempio, la frase lunga sul foglio con il disegno della linea lunga).

Identificazione: il logopedista posiziona davanti al bambino tre schede rappresentanti strutture di frase di lunghezza diversa, all'interno delle quali posiziona le tesserine con le immagini delle parole che compongono le frasi.. Il logopedista pronuncia una delle frasi, ed il bambino dovrà scegliere tra quelle rappresentate quale corrisponde alla frase pronunciata e metterla sul foglio corrispondente (per esempio, la frase lunga sul foglio con il disegno della linea lunga).

Difficoltà
1. Con frasi di diversa lunghezza:
    a. a 1 argomento/a 3 argomenti;
    b. a 1 argomento/a 2 argomenti;
    c. a 2 argomenti/a 3 argomenti.

Nota: proporre l'attività dapprima pronunciando la frase a bocca visibile come prova, poi svolgere l'esercizio a bocca schermata. Infine, come ulteriore elemento di difficoltà, pronunciare la frase a bassa intensità e/o con rumore di fondo.

Ascolta e colora!

Allenamento di
- Discriminazione   – frasi di diversa lunghezza
- Identificazione   – frasi di uguale lunghezza

Materiali
Tesserine con le immagini delle parole utilizzate per comporre le frasi; schede rappresentanti la struttura delle frasi di lunghezza desiderata; pennarelli o pastelli.

Setting
- in seduta   • individuale
- a casa   • a piccoli gruppi
- a scuola

Nota: se il setting è di gruppo, lo svolgimento è analogo al setting individuale, ma si procede a turno in modo che di volta in volta l'attività sia svolta da un solo bambino, mentre gli altri devono fare attenzione e confermare o meno la sua risposta.

Svolgimento

Discriminazione: il logopedista posiziona davanti al bambino due schede rappresentanti la struttura della frase di lunghezza desiderata, all'interno delle quali posiziona le tesserine con le immagini delle parole che compongono le frasi. Il logopedista pronuncia una delle due frasi, e il bambino dovrà scegliere tra le due frasi rappresentate quale corrisponde a quella pronunciata e colorarla.

Identificazione: il logopedista posiziona davanti al bambino tre o più schede rappresentanti la struttura della frase di lunghezza desiderata, all'interno delle quali posiziona le tesserine con le immagini delle parole che compongono le frasi. Il logopedista pronuncia una delle frasi, e il bambino dovrà scegliere tra quelle rappresentate quale corrisponde alla frase pronunciata e colorarla.

Difficoltà
1. Con frasi di diversa lunghezza:
   a. a 1 argomento/a 3 argomenti;
   b. a 1 argomento/a 2 argomenti;
   c. a 2 argomenti/a 3 argomenti.
2. Con frasi di uguale lunghezza:
   a. frasi, prima lunghe e poi brevi, con tutti gli elementi diversi;
   b. frasi, prima lunghe e poi brevi, diverse per più di un elemento.
3. Frasi, prima brevi e poi lunghe, con un solo elemento diverso.

Nota: proporre l'attività dapprima pronunciando la frase a bocca visibile come prova, poi svolgere l'esercizio a bocca schermata. Infine, come ulteriore elemento di difficoltà, pronunciare la frase a bassa intensità e/o con rumore di fondo.

Frasi in scatola!

Allenamento di
- Discriminazione   – frasi di diversa lunghezza
- Identificazione   – frasi di uguale lunghezza

Materiali
Tesserine con le immagini delle parole utilizzate per comporre le frasi; schede rappresentanti la struttura delle frasi di lunghezza desiderata; una scatola.

Setting
- in seduta   • individuale
- a casa   • a piccoli gruppi
- a scuola

Nota: se il setting è di gruppo, lo svolgimento è analogo al setting individuale, ma si procede a turno in modo che di volta in volta l'attività sia svolta da un solo bambino mentre gli altri devono fare attenzione e confermare o meno la sua risposta.

Svolgimento

Discriminazione: il logopedista posiziona davanti al bambino due schede rappresentanti la struttura della frase di lunghezza desiderata, all'interno delle quali posiziona le tesserine con le immagini delle parole che compongono le frasi. Il logopedista pronuncia una delle due frasi, e il bambino dovrà scegliere tra le due frasi rappresentate quale corrisponde a quella pronunciata e metterla nella scatola.

Identificazione: il logopedista posiziona davanti al bambino tre o più schede rappresentanti la struttura della frase di lunghezza desiderata, all'interno delle quali posiziona le tesserine con le immagini delle parole che compongono le frasi. Il logopedista pronuncia una delle frasi, e il bambino dovrà scegliere tra quelle rappresentate quale corrisponde alla frase pronunciata e metterla nella scatola.

Difficoltà
1. Con frasi di diversa lunghezza:
    a. a 1 argomento/a 3 argomenti;
    b. a 1 argomento/a 2 argomenti;
    c. a 2 argomenti/a 3 argomenti.
2. Con frasi di uguale lunghezza:
    a. frasi, prima lunghe e poi brevi, con tutti gli elementi diversi;
    b. frasi, prima lunghe e poi brevi, diverse per più di un elemento.
3. Frasi, prima brevi e poi lunghe, con un solo elemento diverso.

Nota: proporre l'attività dapprima pronunciando la frase a bocca visibile come prova, poi svolgere l'esercizio a bocca schermata. Infine, come ulteriore elemento di difficoltà, pronunciare la frase a bassa intensità e/o con rumore di fondo.

Frasi da costruire

Allenamento di
- Identificazione   – frasi di uguale lunghezza

Materiali
Tesserine con le immagini delle parole utilizzate per comporre le frasi; tesserine con le immagini di parole-distrattori; schede rappresentanti la struttura delle frasi di lunghezza desiderata.

Setting
- in seduta   • individuale
- a casa   • a piccoli gruppi
- a scuola

Nota: se il setting è di gruppo, lo svolgimento è analogo al setting individuale, ma si procede a turno in modo che di volta in volta l'attività sia svolta da un solo bambino, mentre gli altri devono fare attenzione e confermare o meno la sua risposta.

Svolgimento

Identificazione: il logopedista posiziona davanti al bambino una scheda rappresentante la struttura della frase di lunghezza desiderata, vicino alla quale posiziona le tesserine con le immagini delle parole che compongono la frase e delle parole-distrattore scelte. Il logopedista pronuncia la frase, e il bambino dovrà scegliere tra le tesserine disponibili quelle con le immagini delle parole presenti nella frase ascoltata e metterle al posto giusto sulla scheda della struttura della frase.

Difficoltà
1. Con frasi di uguale lunghezza:
    a. frasi, prima lunghe e poi brevi, con tutti gli elementi diversi;
    b. frasi, prima lunghe e poi brevi, diverse per più di un elemento.
2. Frasi, prima brevi e poi lunghe, con un solo elemento diverso.

Nota: proporre l'attività dapprima pronunciando la frase a bocca visibile come prova, poi svolgere l'esercizio a bocca schermata. Infine, come ulteriore elemento di difficoltà, pronunciare la frase a bassa intensità e/o con rumore di fondo.

Frasi da completare

Allenamento di
- Discriminazione
- Identificazione

– frasi di diversa lunghezza con un elemento diverso (coppie minime)

Materiali
Tesserine con le immagini delle parole utilizzate per comporre le frasi; tesserine con le immagini di parole-distrattori; schede rappresentanti la struttura delle frasi di lunghezza desiderata.

Setting
- in seduta
- a casa
- a scuola
- individuale
- a piccoli gruppi

Nota: se il setting è di gruppo, lo svolgimento è analogo al setting individuale, ma si procede a turno in modo che di volta in volta l'attività sia svolta da un solo bambino, mentre gli altri devono fare attenzione e confermare o meno la sua risposta.

Svolgimento

Discriminazione: il logopedista posiziona davanti al bambino una scheda rappresentante la struttura della frase di lunghezza desiderata, nella quale posiziona le tesserine con le immagini delle parole che compongono la frase, tranne una: per riempire la casella rimasta vuota posiziona vicino due tesserine, una con l'immagine della parola corretta e l'altra di una parola-distrattore. Il logopedista pronuncia la frase, e il bambino dovrà scegliere quale tra le due tesserine è quella giusta per completare la frase.

Identificazione: il logopedista posiziona davanti al bambino una scheda rappresentante la struttura della frase di lunghezza desiderata, nella quale posiziona le tesserine con le immagini delle parole che compongono la frase, tranne una: per riempire la casella rimasta vuota posiziona vicino tre o più tesserine, una con l'immagine della parola corretta e le altra di parole-distrattore. Il logopedista pronuncia la frase, e il bambino dovrà scegliere quale tra le tesserine è quella giusta per completare la frase.

Difficoltà
1. Frasi, prima brevi e poi lunghe, con un solo elemento diverso (coppie minime).

Nota: proporre l'attività dapprima pronunciando la frase a bocca visibile come prova, poi svolgere l'esercizio a bocca schermata. Infine, come ulteriore elemento di difficoltà, pronunciare la frase a bassa intensità e/o con rumore di fondo.

Scopri le frasi!

Allenamento di
- Discriminazione
  - frasi di diversa lunghezza
  - frasi di uguale lunghezza

Materiali
Tesserine con le immagini delle parole utilizzate per comporre le frasi; tesserine con le immagini di parole-distrattori; schede rappresentanti la struttura delle frasi di lunghezza desiderata.

Setting
- in seduta
- a casa
- a scuola
- individuale
- a piccoli gruppi

Nota: se il setting è di gruppo, lo svolgimento è analogo al setting individuale, ma si procede a turno in modo che di volta in volta l'attività sia svolta da un solo bambino mentre gli altri devono fare attenzione e confermare o meno la sua risposta.

Svolgimento
Discriminazione: il logopedista posiziona davanti al bambino una scheda rappresentante la struttura della frase di lunghezza desiderata, nella quale posiziona, capovolte, le tesserine con le immagini delle parole che compongono la frase (a volte si utilizzano tutte tesserine con l'immagine delle parole corrette e a volte si inseriscono una o più tesserine con l'immagine di una parola-distrattore). Il logopedista pronuncia la frase, poi gira le tesserine e il bambino dovrà decidere se la frase rappresentata è uguale o diversa rispetto a quella ascoltata.

Difficoltà
1. Con frasi di diversa lunghezza:
    a. a 1 argomento/a 3 argomenti;
    b. a 1 argomento/a 2 argomenti;
    c. a 2 argomenti/a 3 argomenti.
2. Con frasi di uguale lunghezza:
    a. frasi, prima lunghe e poi brevi, con tutti gli elementi diversi;
    b. frasi, prima lunghe e poi brevi, diverse per più di un elemento.
3. Frasi, prima brevi e poi lunghe, con un solo elemento diverso.

Nota: proporre l'attività dapprima pronunciando la frase a bocca visibile come prova, poi svolgere l'esercizio a bocca schermata. Infine, come ulteriore elemento di difficoltà, pronunciare la frase a bassa intensità e/o con rumore di fondo.

...Registratore di frasi

Allenamento di
• Riconoscimento di frasi

Materiali
Non è necessario alcun materiale specifico per condurre l'attività.

Setting
• in seduta   • individuale
• a casa   • a piccoli gruppi
• a scuola

Nota: se il setting è di gruppo, lo svolgimento è analogo al setting individuale, ma si procede a turno in modo che di volta in volta l'attività sia svolta da un solo bambino, mentre gli altri devono fare attenzione e confermare o meno la sua risposta.

Svolgimento
Riconoscimento: il logopedista pronuncia una frase (contenente parole di cui il bambino conosce il significato). Il bambino deve "fare finta di essere un registratore", e ripetere la frase (la risposta si considera corretta anche se articolata in modo approssimativo, o se il bambino si aiuta con gesti e mimica ma rende chiaramente comprensibile la risposta).

Difficoltà
1. Pronunciare le frasi a bocca visibile;
2. pronunciare le frasi a bocca schermata;
3. pronunciare le frasi diminuendo l'intensità e/o introducendo un rumore di sottofondo.

Nota: proporre l'attività dapprima con frasi brevi, poi con frasi di lunghezza crescente.

Frasi da disegnare!

Allenamento di
• Riconoscimento di frasi

Materiali
Fogli bianchi per disegnare; matite; pennarelli o pastelli; schede rappresentanti la struttura delle frasi di lunghezza desiderata.

Setting
• in seduta   • individuale
• a casa   • a piccoli gruppi
• a scuola

Nota: se il setting è di gruppo, lo svolgimento è analogo al setting individuale, ma tutti i bambini disegnano sulla propria scheda la frase; e, se ci sono disegni discordanti, individuano la risposta corretta con l'aiuto dell'adulto.

Svolgimento

Riconoscimento: il logopedista pronuncia una frase (contenente parole di cui il bambino conosce il significato). Il bambino deve riempire le caselle della scheda rappresentante la struttura della frase con disegni rappresentanti le parole che compongono la frase udita. Se i disegni non sono chiaramente comprensibili, si può chiedergli di spiegarli o commentarli, per avere la certezza di comprendere che cosa è stato disegnato.

Difficoltà
1. Pronunciare le frasi a bocca visibile;
2. pronunciare le frasi a bocca schermata;
3. pronunciare le frasi diminuendo l'intensità e/o introducendo un rumore di sottofondo.

Nota: proporre l'attività dapprima con frasi brevi, poi con frasi di lunghezza crescente.

Disegna le frasi!

Allenamento di
• Riconoscimento di frasi

Materiali
Fogli bianchi per disegnare; matite; pennarelli o pastelli; schede rappresentanti la struttura delle frasi di lunghezza desiderata.

Setting
• in seduta   • individuale
• a casa   • a piccoli gruppi
• a scuola

Nota: se il setting è di gruppo, lo svolgimento è analogo al setting individuale, ma tutti i bambini disegnano sul proprio foglio la frase; e, se ci sono disegni discordanti, individuano la risposta corretta con l'aiuto dell'adulto.

Svolgimento

Riconoscimento: il logopedista pronuncia una frase (contenente parole di cui il bambino conosce il significato). Il bambino deve fare un disegno che rappresenti la frase. Se il disegno non è in chiaramente comprensibile, si può chiedergli di spiegarlo o commentarlo, per avere la certezza di comprendere che cosa è stato disegnato.

Difficoltà
1. Pronunciare le frasi a bocca visibile;
2. pronunciare le frasi a bocca schermata;
3. pronunciare le frasi diminuendo l'intensità e/o introducendo un rumore di sottofondo.

Nota: proporre l'attività dapprima con frasi brevi, poi con frasi di lunghezza crescente.

...Botta e risposta...

Allenamento di
- Riconoscimento e comprensione di frasi in forma di domanda

Materiali
Non è necessario alcun materiale specifico per condurre l'attività.

Setting
- in seduta
- individuale
- a casa
- a piccoli gruppi
- a scuola

Nota: se il setting è di gruppo, lo svolgimento è analogo al setting individuale, ma si procede a turno in modo che di volta in volta l'attività sia svolta da un solo bambino mentre gli altri devono fare attenzione e confermare o meno la sua risposta.

Svolgimento

Riconoscimento e comprensione: il logopedista pone una domanda al bambino ed egli deve rispondere. La risposta si considera corretta anche se articolata in modo approssimativo, o se il bambino si aiuta con gesti e mimica ma dimostra comunque di aver compreso la domanda e rende a sua volta comprensibile la risposta. Se il bambino riconosce la domanda ma non sa il significato di una o più parole al suo interno, oppure comprende la domanda, ma non sa rispondere, si considera la risposta corretta se il bambino chiede le spiegazioni necessarie o dice di non saper rispondere.

Difficoltà
1. Pronunciare le domande a bocca visibile;
2. pronunciare le domande a bocca schermata;
3. pronunciare le domande diminuendo l'intensità e/o introducendo un rumore di sottofondo.

Nota: proporre l'attività dapprima con frasi brevi, poi con frasi di lunghezza crescente.

Bibliografia

Ackermann H, Riecker A, Mathiak K et al (2001) Rate dependent activation of a prefrontal-insular-cerebellar network during passive listening to trains of click stimuli: an fMRI study. Neuroreport 12: 4087-4092

Allum DJ (1998) La valutazione delle risposte uditive ai foni fonemici (E.A.R.S. Evaluation of auditory responses to speech). I Care 1, gennaio-marzo

American Speech-Language-Hearing Association task force on central auditory processing consensus development (1996) Central auditory processing: current status of research and implications for clinical practice. Am J Audiol 5: 41-54

Archbold S, Robinson K (1997) A European perspective on pediatric cochlear implantation, rehabilitation services, and their educational implications. Am J Otol 18 Suppl: S75-78

Arslan E, Genovese E, Orzan E, Turrini M (1997) Valutazione della percezione verbale nel bambino ipoacusico. Ed. Ecumenica, Bari

Barbot A, Berghenti MT, Pasanisi E et al (2004) La riabilitazione logopedica nel paziente con impianto cocleare. LOGOPaeDIA 2, luglio-dicembre

Boswell S, The mind hears: tuning in with a cochlear implant. *www.asha.org*

Burani C, Barca L, Arduino LS (2001) Una base di dati sui valori di età di acquisizione, frequenza, familiarità, immaginabilità, concretezza, e altre variabili lessicali e sub-lessicali per 626 nomi dell'italiano. Giornale Italiano di Psicologia 4: 839-854

Bushara KO, Hanakawa T, Immish I et al (2003) Neural correlates of cross-modal binding. Nat Neursoci 6: 190-195

Bushara KO, Weeks RA, Ishii K et al (1999) Modality-specific frontal and parietal areas for auditory and visual spatial localization in humans. Nat Neurosc 2: 759-766

Caselli MC, Casadio P (1995) Il primo vocabolario del bambino. Guida all'uso del questionario Mac Arthur per la valutazione della comunicazione e del linguaggio nel primo anno di vita. FrancoAngeli, Milano

Caselli MC, Mariani E, Pieretti M (2005) Logopedia in età evolutiva, percorsi di valutazione ed esperienze riabilitative. Ed. Del Cerro, Milano

Chow KL (1951) Numerical estimates of the auditory central nervous system of the rhesus monkey. J Comp Neurol 95:159-175

De Filippis A (2002) L'impianto cocleare. Manuale operativo. Masson, Milano

De Mauro T (2000) DIB – Dizionario di base della lingua italiana. Paravia

Erber NP (1982) Auditory training. Alexander Graham Bell Association for the Deaf, Washington DC

Estabrooks W (2000) Auditory-verbal therapy. Florida

Gallo Balma D, Guglielmino P, Manassero A et al (2001) Protocollo diagnostico sulle sordità neurosensoriali infantili gravi e gravissime. Acta Phon Lat 23, fasc. 2-3

Gao J, Prson LM, Bower JM et al (1996) Cerebellum implicated in sensory acquisition and discrimination rather than motor control. Science 272: 545-547

Gisoldi L (2007) Sordità infantile prelinguale, educazione olistica e iter logopedico. Ed. Minerva Medica, Torino

Hauser M, Chomsky N, Fitch WT (2002) The faculty of language: what is it, who has it and how did it evolve? Science 298: 1569-1579

Hubel DH, Wiesel TN (1970) The period of susceptibility to the physiological effects of unilateral eye closure in kittens. J Physiol 206: 419-436

Iacoboni M (2008) The role of premotor cortex in speech perception: evidence from fMRI and rTMS. J Physiol 102: 31-34

Jusczyk PW, Thompson EJ (1978) Perception of a phonetic contrast in multisyllabic utterances by two-month-old infants. Percept Psychophys 23: 105-109

Kohler E, Keysers C, Umiltà MA et al (2002) Hearing sounds, understanding actions: action representation in mirror neurons. Science 297: 846-848

Kuhl PK, Williams KA, Lacerda F et al (1992) Linguistic experience alters phonetic perception in infants by six months of age. Science 255: 606-608

Liberman AM, Mattingly IG (1985) The motor theory of speech perception revised. Cognition 21: 1-36

Luce PA, Pisoni DB (1998) Recognizing spoken words: the neighborhood activation model. Ear Hear 19: 1-36

Martini A, Schindler O (2004) La sordità prelinguale. Ed. Omega, Torino

Massaro DW (1999) Speech Perception. In: Fabbro F (ed), Concise encyclopedia of language pathology. Elsevier, Amsterdam

Myers J, Jusczyk PW, Kemler Nelson DG et al (1996) Infant's sensitivity to word boundaries in fluent speech. J Child Lang 23: 1-30

Nishizawa Y, Olsen TS, Larsen B (1982) Left-right cortical asymmetrics of regional cerebral blood flow during listening to words. J Neurophysiol 48: 458-466

Plourde G, Belin P, Chartrand D et al (2006) Cortical processing of complex auditory stimuli during alterations of consciousness with the general anesthetic propofol. Anesthesiology 104: 448

Position Statement (2007) Principles and guidelines for early hearing detections and intervention programs. *www.pediatrics.org*, Pediatric Library

Preisler G (per la "Committee on the Rehabilitation and integration of People with Disabilities") (2001) Les implants cochléaires chez les enfants sourds. Council of Europe Publishing, French Edition, Strasbourg Cedex, maggio

Rao SM, Mayer AR, Harrington DL (2001) The evolution of brain activation during temporal processing. Nat Neurosc 4: 317-323

Remez RE, Rubin PE, Pisoni DB, Carrell TD (1981) Speech perception without traditional speech cues. Science 212: 947-950

Romanski LM, Tian B, Fritz J et al (1999) Dual streams of auditory afferents target multiple domains in the primate prefrontal cortex. Nat Neurosc 2: 1131-1136

Sanders DE, (1993) Management of hearing handicap. Infants to elderly. 3rd ed. Prentice-Hall Inc. Englewood Cliffs

Schindler A, Di Gioia F, Schindler O (2001) Processori e strategie di codifica: evoluzione nella soluzione di un problema. I Care 1: 2-12

Schindler A, Leonardi M, Cavallo M et al (2003) Comparison between two perception tests in patients with severe and profoundly severe prelingual sensori-neural deafness. Acta Otorhinolaryngol Ital 23:73-77

Schindler O, Albera R (2003) Audiologia e Foniatria. Ed. Minerva Medica, Torino

Sinnot JM, Aslin RN (1985) Frequency and intensity discrimination in human infants and adults. JASA 78: 1986-1992

Tsushima T, Menyuk P, Takizawa O (1994) Development of speech sound perception of foreign language in Japanese infants – with special emphasis on discrimination of /r-l/ and /w-y/. Elec Com Techn Jpn, SP94-31: 1-8

Vernero I (2005) Il counseling nella sordità infantile. Acta Phon Lat 27, fasc. 1-2

Werker JF, Tees RS (1984) Cross language perception: evidence for perceptual reorganization during the first year of life. Infant Behav Dev 7: 699-702

Werner LA, Marean GC, Halpin CF et al (1992) Infant auditory temporal acuity: gap detection. Child development 63: 260-272

Wilson SM, Saygin AP, Sereno MI, Iacoboni M (2004) Listening to speech activates motor areas involved in speech perception. Nat Neurosc 7: 701-702

Wise RJS (2003) Language systems in normal and aphasic human subjects: functional imaging studies and inference from animal studies. Br Med Bull 65: 95-119

Woldorff MG, Gallen CC, Hampson SA et al (1993) Modulation of early sensory processing in human auditory cortex during auditory selective attention. Proc Natl Acad USA 90: 8722-8726

Zigmond MJ, Bloom FE, Landis SC et al (1999) Fundamental Neuroscience. Academic Press, New York

Siti di riferimento

www.fda.gov
www.asha.org
www.biap.org
  "Biap Recommendation 07/1"
  "Biap Recommendation 07/2"
  "Biap Recommendation 25/1"
  "Biap Recommendation 25/2"
  "Biap Recommendation 28/1"

Siti internet di interesse

www.fda.gov
www.asha.org
www.biap.org
  "Biap Recommendation 07/1"
  "Biap Recommendation 07/2"
  "Biap Recommendation 25/1"
  "Biap Recommendation 25/2"
  "Biap Recommendation 28/1"